FRANÇOIS CHARTIER

Papilles et Molécules

La science aromatique des aliments et des vins

FRANÇOIS CHARTIER

Papilles et Molécules

La science aromatique des aliments et des vins

LES ÉDITIONS
LA PRESSE

**Catalogage avant publication de Bibliothèque
et Archives nationales du Québec et Bibliothèque et Archives Canada**

Chartier, François
Papilles et molécules
ISBN 978-2-923681-06-1

1. Accord des vins et des mets. 2. Aliments - Composition. 3. Cuisine.
4. Vin. I. Titre.

TP548.C42 2009   641.2'2   C2009-940877-5

Directeur de l'édition
Martin Balthazar

Éditrice déléguée
Martine Pelletier

Auteur
François Chartier

Assistance Recherche et développement
Carole Salicco

Révision scientifique
Martin Loignon, Ph.D.
Docteur en biologie moléculaire

Révision
Nicole Henri

Conception et graphisme
www.cyclonedesign.ca

Photographie
Michel Bodson, Studio F2.8 (pages 48, 50, 55, 60, 66, 70, 111, 117, 129, 149 et 177)

Stylisme culinaire et chef
Véronique Gagnon Lalanne (pages 48, 50, 55, 60, 66, 70, 111, 117, 129, 149 et 177)

Dépôt légal
Bibliothèque et Archives nationales du Québec, 2009
Bibliothèque et Archives Canada, 2009
2ᵉ trimestre 2009
ISBN : 978-2-923681-06-1

LES ÉDITIONS
LA PRESSE

Président
André Provencher

7, rue Saint-Jacques
Montréal (Québec) H2Y 1K9
514 285-4428

L'éditeur bénéficie du soutien de la Société de développement des entreprises culturelles
du Québec (SODEC) pour son programme d'édition et pour ses activités de promotion.

L'éditeur remercie le gouvernement du Québec de l'aide financière accordée
à l'édition de cet ouvrage par l'entremise du Programme de crédit d'impôt pour l'édition
de livres, administré par la SODEC.

L'éditeur reconnaît l'aide financière du gouvernement du Canada par l'entremise
du Programme d'aide financière de l'industrie de l'édition (PADIÉ) pour ses activités d'édition.

TABLE DES MATIÈRES

JULI SOLER ET FERRAN ADRIÀ

PRÉFACE DU RESTAURANT elBULLI

Quand nous avons connu François Chartier, il y a quelques années, nous nous sommes rapidement rendu compte que nous étions devant un talent exceptionnel. Il possède une grande vivacité, une pensée tellement dynamique et souple, que si l'on nous avait dit qu'au bout d'un certain temps nous allions collaborer dans notre cuisine, comme c'est le cas maintenant, nous n'aurions pas vraiment été étonnés. À ces qualités, François apporte une méthodologie de travail très rigoureuse, ainsi qu'une profonde connaissance du monde du vin, un monde qu'il a déjà transcendé, ce qui nous permet de le qualifier d'expert numéro un en saveurs.

En effet, à partir de son étude profonde du vin et de sa constante remise en question des raisons qui expliquent le succès des combinaisons gustatives entre vins et aliments, François s'est proposé de compléter l'information que nous transmettent nos sens, et a voulu savoir pourquoi certains accords fonctionnent mieux que d'autres. La réponse se trouve dans les molécules que partagent les différents partenaires de ces unions, une information que les cuisiniers et les sommeliers ne connaissent pas d'un point de vue scientifique, même si intuitivement ils ont toujours su les combiner.

François s'est proposé de chercher de nouvelles combinaisons et il a déniché de nouveaux mariages, révolutionnaires, mais tout aussi heureux que ceux établis par la tradition. Les résultats, surprenants, satisfont également cuisiniers, sommeliers, convives. Un exemple : d'un point de vue gastronomique,

les sommeliers conseillent habituellement des vins méditerra-
néens pour accompagner des plats apprêtés avec du romarin.
François Chartier a identifié diverses molécules aromatiques
communes au romarin et à certains vins alsaciens. Voilà une
approche novatrice, une combinaison inédite qui paraît pleinement justifiée aussi d'un point de vue gastronomique, et pour
une raison fort simple : ça fonctionne! Autrement dit, l'intuition
gustative, arme des cuisiniers et des sommeliers depuis toujours, confirme et justifie la réussite de ce nouveau mariage.

Logiquement, il y aura toujours quelqu'un qui dira que l'on ne
peut réduire la magie du vin, de la cuisine, des saveurs en général, à de simples formules chimiques. Et, en effet, manger, boire
est beaucoup plus que tout cela. Mais nous l'avons toujours dit, la
connaissance est un de nos outils les plus importants, et plus nous
maîtrisons les aspects de la matière avec laquelle nous travaillons
quotidiennement, mieux nous pourrons satisfaire les attentes de
créativité que nous poursuivons, et du bonheur qu'anticipent nos
clients. François aime à faire cette comparaison : un musicien
peut être vraiment heureux en jouant de son instrument, et le
faire merveilleusement, même s'il n'a pas de connaissances théoriques. Si plus tard il acquiert ces connaissances, sa musique ne
peut que progresser et se parfaire. Ces nouvelles connaissances
n'enlèveront pas le bonheur, la spontanéité, la maîtrise et la créativité dans son art. Il en va de même en cuisine. Plus de sagesse,
plus de connaissances signifient davantage de possibilités de
créer, d'évoluer et de satisfaire le convive.

C'est pour toutes ces raisons que nous vous conseillons
vivement de vous laisser porter par ce livre magnifique, pour
pénétrer dans la magie de ces nouvelles saveurs. Laissez-vous
donc séduire par vos papilles et ces molécules que François
Chartier vous explique avec une grande clarté dans ces pages.
Nous sommes convaincus qu'il s'agit d'un ouvrage primordial,
d'une première pierre, d'un premier pas dans un monde qui
s'ouvre dorénavant avec splendeur à tous ceux qui aiment la
gastronomie.

Juli Soler et Ferran Adrià
Copropriétaires et chef du célèbre restaurant elBulli,
à Roses (Espagne), élu à cinq reprises *Meilleur restaurant
au monde*.

PRÉFACE

DR RICHARD BÉLIVEAU

Ce livre est un ouvrage essentiel pour tous les amoureux du vin et des plaisirs de la table en général. Résultats d'une véritable démarche scientifique appliquée à la compréhension des mécanismes moléculaires qui régissent le plaisir gastronomique, les travaux de François Chartier nous entraînent dans un mode fascinant, habité par des molécules aromatiques complexes et aux noms enchanteurs; des molécules qui non seulement agissent sur plusieurs processus biologiques impliqués dans le maintien de l'équilibre de nos fonctions physiologiques (l'homéostasie) mais qui, par un curieux jeu du hasard, coopèrent également entre elles pour stimuler nos cellules spécialisées dans la détection des saveurs et générer du plaisir. Que ce soit l'eugénol, la cinnamaldéhyde, la coumarine, la capsaïcine et bien d'autres molécules d'origine végétale, tous ces composés possèdent l'importante caractéristique d'activer à la fois nos systèmes impliqués dans la détection des saveurs tout en influençant de façon positive nos mécanismes impliqués dans l'homéostasie responsable de notre santé.

Comprendre les mécanismes moléculaires sous-jacents au plaisir gastronomique n'est donc pas seulement essentiel pour apprendre à mieux harmoniser les saveurs de nos plats quotidiens, mais, de façon plus générale, représente aussi une étape importante pour améliorer l'impact de notre alimentation sur la santé.

Bien qu'il soit l'héritier de millénaires d'empirisme au cours desquels les meilleures combinaisons d'aliments ont été identifiées, le savoir gastronomique actuel n'est cependant pas une science statique et immuable, dont les limites sont tracées à jamais. Le courageux travail de pionnier de François Chartier illustre plutôt à quel point il s'agit d'une démarche moderne et dynamique qui utilise les connaissances scientifiques actuelles pour innover et identifier de nouvelles harmonies destinées à constamment repousser les limites du plaisir. Il y a près de 200 ans, Brillat-Savarin disait que «le goût, tel que la nature nous l'a accordé, est encore celui de nos sens qui, tout bien considéré, nous procure le plus de jouissances».

Grâce aux travaux de François Chartier, on commence enfin à comprendre pourquoi.

Richard Béliveau, Ph. D.
Chercheur en oncologie; chaire de neurochirurgie
Claude Bertrand (CHUM); chaire de prévention et traitement du cancer/professeur en biochimie (UQAM);
Service d'oncologie (Hôpital général juif de Montréal);
coauteur du livre *Les aliments contre le cancer*.

REMERCIEMENTS
DE L'AUTEUR

Je tiens à souligner la précieuse collaboration à la révision scientifique de plusieurs chapitres, effectuée par mon ami gastronome et scientifique Martin Loignon, riche d'expériences moléculaires et détenteur d'un doctorat de l'Université de Montréal en biologie moléculaire. Il est aujourd'hui scientifique senior dans une grande compagnie de recherche, à Montréal. Étant inspiré depuis longtemps par la cuisine et par l'harmonie des vins et des mets, sa double connaissance gastronomique et scientifique aura fait de lui l'une des personnes-ressources « sur mesure » apte à jeter un regard avisé au-dessus de mon épaule et ainsi me permettre de mener à terme certains chapitres de ce premier tome de *Papilles et Molécules*. Il signe aussi de sa plume le chapitre *Révolution culinaire révélée par le principe d'harmonies et sommellerie moléculaires*.

Un merci particulièrement senti aussi à Richard Béliveau Ph. D., chercheur en oncologie; chaire de neurochirurgie Claude Bertrand (CHUM); chaire de prévention et traitement du cancer/professeur en biochimie (UQAM); Service d'oncologie (Hôpital général juif de Montréal); coauteur, entre autres, du livre *Les aliments contre le cancer*. Il aura été le premier scientifique à me conforter et à me soutenir lorsque j'ai eu l'idée du principe « d'harmonies et de sommellerie moléculaires ». Sa rencontre aura été déterminante. Qu'il signe, en prime, l'une des deux préfaces du présent ouvrage, c'est « la molécule de la cerise sur le gâteau! ».

Un fuerte abrazo à Ferran Adrià et à Juli Soler, du restaurant catalan elBulli, dont la démarche et le travail novateurs m'ont littéralement « transformé le cerveau » depuis 1994, année où j'ai découvert l'existence de cette bande de créateurs allumés (pour plus de détails, voir le chapitre *elBulli*). Qu'ils aient apposé leurs griffes sur l'une des deux préfaces de *Papilles et Molécules* m'a ému au plus haut point.

Je signale aussi les inspirants travaux de Pascal Chatonnet, réputé œnologue bordelais, copropriétaire des laboratoires d'expertises œnologiques *Excell*, ainsi que de quelques châteaux libournais – les crus de Lalande-de-Pomerol que sont les châteaux Haut-Chaigneau et La Sergue, ainsi que le saint-émilion château L'Archange –, dont les écrits de ses deux thèses de doctorat sur l'impact aromatique de la barrique de chêne lors de l'élevage des vins m'ont grandement influencé. J'ai pu compter sur sa collaboration et son soutien à mon projet de recherches harmoniques (voir chapitre *Expériences d'harmonies et sommellerie moléculaires*), ainsi que sur sa lecture attentionnée de certains passages de cet ouvrage. Enfin, il aura été l'un des deux premiers spécialistes reconnus à me confirmer qu'il fallait absolument que j'explore à fond cette voie moléculaire.

Des remerciements plus qu'amicaux au chef Stéphane Modat, du restaurant L'Utopie, à Québec, avec qui j'ai pu présenter mes premiers travaux pratiques d'harmonies et sommellerie moléculaires, en octobre 2008, lors des deux lancements de *La Sélection Chartier 2009*, ainsi qu'en mars 2009, lors des deux événements « Repas harmonique à cinq mains et dégustation moléculaire » (voir le chapitre *Expériences d'harmonies et sommellerie moléculaires*). Chacune de nos rencontres a été comme une secousse sismique de créativité d'où jaillissaient d'innombrables créations. Je nous souhaite de nombreux autres « tremblements de création » !

Chapeau bas à Hervé This pour ses ouvrages qui m'ont inspiré depuis le milieu des années quatre-vingt-dix, ainsi que pour son énergie communicative et ses quelques idées partagées lors de notre rencontre en 2007.

Un coup de chapeau à Josep Roca, grand sommelier et copropriétaire, avec ses deux frères, les chefs Joan et Jordi, du grand restaurant El Celler de Can Roca, à Girone. Il a su exprimer, dans la réalisation d'une cave à vins singulière, l'œuvre d'une vie, que tout sommelier qui se respecte devrait visiter une fois dans sa vie active… Merci, Josep, pour ton ouverture, pour l'inspiration que tu m'as communiquée et pour la confiance que tu as en mes travaux.

Un gros merci à Nicole Henri, pour avoir accepté de plonger dans le domaine de la chimie moléculaire, même si ce n'est pas son univers, afin de réviser mes textes comme elle le fait si bien depuis quelques années déjà. Merci également à Martine Pelletier et à Martin Balthazar, des Éditions La Presse, qui, en plus d'avoir dirigé ce projet avec attention, m'ont éclairé avec respect lors de la relecture des épreuves finales de ce premier tome.

Mes remerciements à l'équipe de la boutique Vinum Design (www.vinumdesign.com), qui nous a fourni la série de verres et de carafes utilisés pour certaines photos de ce livre.

Et enfin, un merci du fond du cœur à Carole Salicco, ma femme et collaboratrice de tous les instants, qui, de nouveau, m'a soutenu dans cette folle aventure harmonique, me laissant toute la liberté pour m'y consacrer entièrement, et même à temps supplémentaire (!). Sans ta présence, Carole, les composés volatils de la vie quotidienne n'auraient pas autant de saveurs…

INTRODUCTION
DE L'AUTEUR

Dans ce premier tome de *Papilles et Molécules*, je vous communique les premiers résultats de mes recherches scientifiques gourmandes d'harmonies et sommellerie moléculaires. Le but est d'humblement tenter d'apporter un éclairage nouveau sur les harmonies vins et mets, au moyen de la piste aromatique des aliments, des vins et des autres boissons.

Depuis 2006, après vingt années d'expérimentations, je travaille à « cartographier » les molécules aromatiques qui donnent toute leur saveur aux aliments et aux vins. Ce travail d'orfèvre au cœur d'une matière scientifique novatrice me permet de mieux baliser les liens qui existent véritablement entre vos aliments et vos cépages favoris.

À ma grande surprise, ces premiers résultats de fouilles harmoniques m'ont aussi rapidement permis d'acquérir une connaissance plus riche et plus précise sur l'identité moléculaire des aliments. Cela m'a amené à faire des rapprochements, parfois très surprenants entre certains ingrédients complémentaires. Il en ressort de nouvelles possibilités d'harmonies d'aliments dans l'assiette, pour de nouveaux chemins de créativité, tant pour les cuisiniers en herbe que pour les cuisiniers et chefs professionnels.

Appuyé par une imposante littérature scientifique et inspiré par mes précieuses collaborations avec des chefs, des œnologues et des scientifiques du monde de l'alimentation et des vins, et ce tant au Québec qu'à l'étranger, je suis parvenu à identifier les principaux composés volatils qui signent l'identité aromatique et gourmande de multiples aliments et vins. Ce travail me permet d'expliquer comment une parenté moléculaire entre deux aliments, ou entre un type de vin et un aliment, sont garantes d'harmonie.

Je vous offre donc le plaisir de plonger dans mon grand livre harmonique du moment, comme un polaroïd relatant où j'en suis dans ce travail de dépistage aromatique. *Papilles et Molécules, tome I* propose des clés simples et précises à utiliser tant dans la cuisine du quotidien que dans celle des jours de fêtes.

Vous avez ainsi entre les mains un livre pratico-pratique abondamment illustré, enrichi de photos, de croquis et de graphiques, truffé de recettes du quotidien et trucs de cuisine du sommelier-cuisinier, et même de cocktails de mixologie, sans oublier les recettes de certains chefs.

Comme vous vous en doutez bien, les arborescences graphiques d'aliments et de vins que je construis depuis plus de vingt ans de quête harmonique, sont comme une sorte de « work in progress ». Elles se complexifient et se transforment au gré de mes nouvelles connaissances moléculaires acquises de façon intensive depuis 2006.

Dans ce premier tome, je veux en quelque sorte « mettre la table » pour vous permettre de faire vos premières gammes aromatiques dans cette nouvelle discipline et ainsi complexifier vos plaisirs gourmands, en attendant la suite où d'autres aliments et vins viendront s'ajouter au menu.

Tout ce que je souhaite, c'est qu'une fois la lecture de chaque chapitre terminée, vous puissiez vous inspirer des graphiques d'aliments et de vins complémentaires pour dénicher vos recettes favorites à base de ces ingrédients ou en créer par vous-même, et pour les harmoniser avec les types de vins requis!

Merci d'être de nouveau au rendez-vous et à très bientôt pour de nouvelles aventures harmoniques.

François Chartier

N.B. La lecture de cet ouvrage soulève des questions dans votre compréhension des aliments, des vins ou de l'harmonie? Venez poser vos questions sur le site **www.francoischartier.ca**, section Papilles et Molécules. Je tenterai d'y répondre au meilleur de mes connaissances.

CHARTIER LOIGA

FERRAN ADRIA

SOMMELIER

JULI SOLER

AN ELBULLI

ALVARO PALACI

GOLDSCHLÄGER

JOSEP ROCA

CHARTREUSE

PEIRCE MOLÉCULAIRE

DENTELLES SANTA

ADRIA

HAUTE
FERMENTATION

BIÈRE

ARETTO

CHAPITRES
INTRODUCTIFS

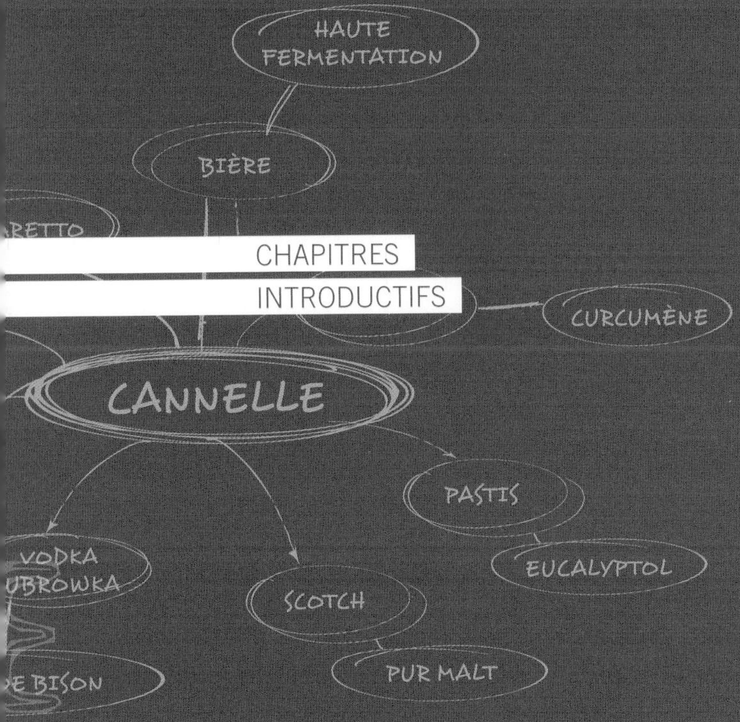

CURCUMÈNE

CANNELLE

PASTIS

VODKA
UBROWKA

EUCALYPTOL

SCOTCH

E BISON

PUR MALT

FRANÇOIS CHARTIER LE MOZART DE LA SOMMELLERIE,
A SU CONJUGUER ART ET SCIENCE POUR PROPULSER
L'HARMONIE ET SOMMELLERIE MOLÉCULAIRES
AU PINACLE DE LA CRÉATION CULINAIRE
ET LANCER UNE RÉVOLUTION DANS LA MANIÈRE
DE CONCEVOIR LES PLATS ET DE METTRE AU DIAPASON
VINS ET METS.

RÉVOLUTION CULINAIRE

RÉVÉLÉE PAR LE PRINCIPE D'HARMONIES ET SOMMELLERIE MOLÉCULAIRES

Par Martin Loignon, Ph.D.,
Docteur en biologie moléculaire, Montréal.

L'homme crée et modernise depuis toujours des instruments de musique et maîtrise *de facto* les notes et sonorités qu'ils produisent. Vivaldi, Mozart, Tchaïkovsky, Gershwin, ont, à leur époque respective, su jouer de ces innovations et réussi à intégrer de nouvelles sonorités à leur art. Portés par la créativité, éclairés par une connaissance profonde de l'écriture musicale, et de concert avec luthiers, artisans et musiciens, ils ont édifié les partitions assurant la pérennité de leur œuvre. Les meilleurs chefs d'orchestre harmonisent les partitions dont ils connaissent chacune des notes et commandent aux interprètes d'en varier l'intensité à un moment précis de l'œuvre, pour créer autant de vibrations mémorables pour le mélomane.

Les partitions et les notes sont à la musique ce que les aliments, les vins et les molécules aromatiques sont à la gastronomie et leur pouvoir de procurer des plaisirs sensoriels dépend fondamentalement de l'orchestration qu'en font les chefs. Par analogie, les chefs de la gastronomie, mæstro et compositeurs de leur état, harmonisent eux aussi des partitions que sont les ingrédients qui, une fois minutieusement assemblés, thermiquement contrôlés et habilement rehaussés susciteront, chez les gourmets, le bonheur par les arômes et les textures tout en façonnant leur mémoire olfactive. Un sommelier complice et maître de son art saura, en harmonisant vins et mets avec précision, multiplier les plaisirs olfactifs des plats et imprégner plus profondément la mémoire de convives exaltés.

Contrairement à la musique, l'homme n'a pas créé les aliments desquels il veut tirer des notes aromatiques. Il sait au mieux les transformer et a encore aujourd'hui à découvrir et reconnaître ces arômes naturels et ceux issus des transformations pour mieux les harmoniser. Contrairement aux symphonies, l'harmonisation des aliments en gastronomie dépend depuis presque toujours de l'instinct du chef plus que de sa connaissance des molécules aromatiques des aliments. Comme un musicien qui ignore les notes des partitions et joue par oreille, le chef harmonise «au nez», car bien qu'il existe aujourd'hui une connaissance relativement abondante sur l'identité des molécules aromatiques (notes) qui composent les aliments et les boissons qui les accompagnent, elle est méconnue, sous-exploitée, voire inaccessible pour le non-initié. Par ricochet, cette ignorance fait régner l'incertitude sur les harmonies qu'il est possible de créer et nourrit la crainte d'innover. Ce n'est pas par manque de créativité, mais plutôt par naïveté, que les chefs, même les plus illustres, composent le plus souvent avec les mêmes accords.

Le plus compliqué en cuisine ne serait-il pas de faire simple? Mais comment faire simple dans un domaine qui nous cache encore de trop nombreux secrets? La cuisine du futur, comme celle du passé saura plaire et séduire par l'innovation. À la base de ces créations, de nouveaux instruments, de nouvelles méthodes pour utiliser les plus anciens, mais aussi et surtout des connaissances accrues sur les aliments, les ingrédients, les boissons et les vins, qui ouvriront les portes vers de nouveaux accords et de nouvelles harmonies. À cet égard, la nouvelle discipline appelée harmonies et sommellerie moléculaires a contribué dans les dernières années, plus que toute autre science, à élargir ces connaissances.

Les idées révolutionnaires et les innovations contribuent à changer les points de vue, les regards, les mentalités et les façons de faire. Être témoin d'une révolution, même sans en saisir toute la portée, procure une fébrilité et le sentiment de vivre un moment unique, historique. On devient franchement privilégié dès l'instant où l'on saisit et comprend les fondements édifiant les innovations car il est dès lors possible de passer de spectateur à acteur. Les arts et les sciences ont depuis toujours été des eaux fertiles pour l'innovation. Plusieurs innovations majeures trouvent leur source aux confluents de l'art et de la science; l'architecture, le cinéma, la musique, et plus récemment les recherches en gastronomie moléculaire, sont nés de la fusion entre l'art et la science. La rencontre de ces deux univers, en apparence lointains, est devenue un carburant privilégié des créateurs contemporains.

FRANÇOIS CHARTIER, LE MOZART DE LA SOMMELLERIE, A SU CONJUGUER ART ET SCIENCE POUR PROPULSER LES HARMONIES ET SOMMELLERIE MOLÉCULAIRES AU PINACLE DE LA CRÉATION CULINAIRE ET LANCER UNE RÉVOLUTION DANS LA MANIÈRE DE CONCEVOIR LES PLATS ET DE METTRE AU DIAPASON VINS ET METS.

Dans cet ouvrage « grimoire » qui changera profondément l'art culinaire, il nous livre plusieurs des secrets des aliments, ingrédients, boissons et vins qui sont demeurés trop longtemps méconnus, et ce, avec passion, conviction et générosité, appuyé par plusieurs années de recherche et une rigueur scientifique exemplaire. Non seulement nous fait-il découvrir les molécules responsables des arômes, il nous offre, comme autant de formules magiques, une pléthore de propositions harmoniques pour mettre en pratique ces connaissances et obtenir des accords vins et mets stupéfiants et innovateurs.

Ce concept est parfaitement illustré dans le chapitre *Fino et oloroso* traitant du xérès, ce ténor méconnu capable de tenir la note à côté des plus grands vins et qui jouit d'une convivialité à faire rougir plus d'un chablis et pâlir d'envie les meilleurs côte-rôtie. Le xérès nous explique Chartier, peut aisément s'inviter à table avec une multitude de plats tout aussi exotiques et s'harmoniser avec le caractère de chacun.

Tel un caméléon, le xérès possède les attributs moléculaires pour se fondre subtilement avec les arômes des plats les plus fins, tout en ayant la générosité de rehausser les mets les plus neutres, mais sans disparaître vis-à-vis des plus relevés. Le secret de la polyvalence du xérès, qu'instinctivement on tenterait d'expliquer par sa souplesse, sa simplicité, ou pire son manque de caractère, est tout autre. C'est mal le connaître. En fait, la polyvalence des vins de xérès naît de leur complexité aromatique qui résulte d'un assemblage de centaines de molécules (plus de 300) représentées entre autres par des notes de noix, de caramel, de beurre, de pomme, d'abricot, et qui par la force du nombre, trouvent leur *alter ego* dans une grande variété d'ingrédients et d'aliments. S'ajoute à cette multiplicité aromatique un judicieux dosage de force et de douceur, qui tout en favorisant la consonance entre les molécules ayant des affinités aromatiques, décourage les cacophonies et les dissonances découlant d'excès et/ou d'incompatibilité moléculaires.

L'harmonisation moléculaire vous effraie? Prenez le rythme en faisant du xérès le métronome de vos expérimentations. Vous rédigez aisément les couplets d'un repas, mais il vous manque toujours un refrain, le xérès.

S'il existait un Nobel de la gastronomie, François Chartier serait un digne lauréat car il aura fallu beaucoup de génie, de créativité et d'audace pour établir les fondements et les règles établissant une relation de cause à effet entre la présence des molécules aromatiques dans les aliments, les ingrédients les vins et boissons, et leur association pour créer des harmonies réussies. Une simplification extrême et plus qu'approximative de ce travail titanesque consisterait à affirmer qu'il suffit de combiner des aliments, ingrédients, vins ou boissons exprimant les mêmes molécules aromatiques pour que l'harmonie se fasse d'elle-même, par ressemblance. Mais pour y parvenir, encore faut-il connaître la signature aromatique de chaque ingrédient qui compose un plat et son vin d'accompagnement en plus des subtilités propres aux assemblages à la base même du principe harmonique édicté par l'auteur. La gastronomie moléculaire prendra dorénavant tout sons sens grâce aux harmonies et sommellerie moléculaires.

Attention, ce livre ne s'adresse pas uniquement aux professionnels de la restauration, aux druides ou aux virtuoses des molécules, mais à tous les curieux et tous les créateurs désireux de s'ouvrir une porte sur le monde de l'infiniment petit des grandes réussites culinaires en composant les harmonies les plus folles, sans pour autant être toqué. Il s'adresse aussi à tous ceux qui sont prêts à devenir des acteurs de cette révolution culinaire, à ceux pour qui le plaisir de bien manger est essentiel. À la lecture de ce livre, le cuisinier néophyte comme le chef le plus expérimenté pourra acquérir la confiance nécessaire pour transgresser les traditions culinaires et succomber à la tentation d'innover en pratiquant des accords à vue de nez improbables.

COMPRENDRE LES RÉACTIONS
CHIMIQUES QUI RÉGISSENT L'HARMONIE
DES VINS ET DES METS

JE RECHERCHE LES «MOLÉCULES
VOLATILES» ET CARTOGRAPHIE
LES COMPOSÉS AROMATIQUES
DES ALIMENTS ET DES VINS

SCIENCE ET VIN. SCIENCE ET CUISINE... SCIENCE

L'HARMONIE VINS ET METS

HARMONIES ET SOMMELLERIE MOLÉCULAIRES

GENÈSE D'UNE NOUVELLE SCIENCE HARMONIQUE AU SERVICE DE LA CUISINE, DES VINS ET DES HARMONIES VINS ET METS

« La démarche génère le produit. Si on ne change pas la démarche, on va toujours produire la même chose… »

FRANCO DRAGONE, METTEUR EN SCÈNE, CIRQUE DU SOLEIL

SCIENCE ET VIN, SCIENCE ET CUISINE… SCIENCE ET HARMONIE VINS ET METS!

Depuis la fin des années quatre-vingt, les vignerons profitent des avancées scientifiques de l'œnologie moderne pour mieux comprendre leur métier, souvent appris de façon empirique. Aux quatre coins du monde, même dans des régions où il y a à peine 20 ans il aurait été impensable de cultiver la vigne avec succès, se sont depuis élaborés les meilleurs vins de l'histoire.

Depuis le milieu des années quatre-vingt-dix, la communication des résultats des recherches scientifiques en gastronomie moléculaire (discipline qui a vu le jour au début des années quatre-vingt), conduites en laboratoire puis adaptées en cuisine, a permis aux cuisiniers une compréhension plus précise et scientifique des gestes empiriques hérités des manuels de cuisine du début du XXe siècle.

Il ne manquait qu'un maillon à cette chaîne moléculaire : comprendre les réactions chimiques qui régissent l'harmonie des vins et des mets. Cela devait passer par une compréhension scientifique de la structure moléculaire des aliments.

Après trois années de brumeuses réflexions, de 2003 à 2006, un nouveau chemin de recherche s'est imposé de lui-même. Je l'ai nommé «harmonies et sommellerie moléculaires».

« Les bouleversements de la science moderne ont transformé notre compréhension de ce qu'est le savoir. Étant donné que la connaissance scientifique est, au plan pratique, le savoir le plus sûr et le plus utile que possèdent les êtres humains, chaque conception de ce qu'est en soi la connaissance doit, pour être crédible, s'appliquer aussi à la connaissance scientifique. »

ALBERT EINSTEIN

FRANÇOIS CHARTIER MONTRANT SES GRAPHIQUES

À LA RECHERCHE DES « PARTICULES ALIMENTAIRES »

Depuis, je recherche les « molécules volatiles » et cartographie les composés aromatiques des aliments – en commençant par mes « ingrédients de liaison » communiqués dans le livre *À Table avec Chartier*. J'établis les corrélations pouvant exister entre les vins et les ingrédients, dans le but de réussir des harmonies plus justes et d'ouvrir de nouveaux horizons harmoniques.

Pour y parvenir, je cumule les discussions, les rencontres exploratoires et les collaborations tant au Québec – avec, entre autres, le Dr Richard Béliveau, et le Centre de recherche et de développement sur les aliments d'*Agriculture et Agroalimentaire Canada* – qu'en Europe – avec l'œnologue bordelais Pascal Chatonnet, le chef Ferran Adrià, du restaurant catalan elBulli, et avec l'équipe du nouveau et premier centre international de recherches et d'études scientifiques en gastronomie *Alicia*, situé près de Barcelone.

À cela s'ajoutent mes nombreux échanges avec des chercheurs en science de l'alimentation et en biologie moléculaire, dont Martin Loignon Ph.D, ainsi qu'avec des œnologues et de grands chefs novateurs. Enfin, je planche sur ce travail de recherche de façon quotidienne avec l'aide de la très vaste littérature scientifique en biologie moléculaire.

J'ai, à ce jour, cartographié la structure moléculaire de multiples aliments et vins. Je peux ainsi communiquer, dans ce premier tome de *Papilles et Molécules*, de nouvelles possibilités de créations de recettes, pour les cuisiniers et les chefs, et une nouvelle compréhension de l'harmonie des vins et des mets, tant pour l'amateur que pour les professionnels du vin. S'ouvre ainsi à tous la possibilité de créer des recettes où règne l'harmonie entre les aliments et même des recettes conçues spécialement « par et pour » les vins où tous les ingrédients qui entrent dans la composition sont en accord avec le vin sélectionné.

La figue, la vanille, l'érable, le romarin, le safran, la menthe, le basilic, les légumes racines et tous les aliments au goût anisé, le clou de girofle, la cannelle, la fraise, l'ananas, la tomate, les algues, le sésame, le gingembre, la réglisse, les différents riz, la noix de coco, les champignons, l'agneau, le bœuf, le porc et même les thés verts et thés noirs fumés, pour ne nommer que quelques ingrédients, m'ont ouvert leurs secrets et montré de nouveaux chemins harmoniques.

Même chose pour les vins rouges à base de cabernet sauvignon, de merlot, de cabernet franc, de syrah, de mencia, de tempranillo et de grenache, ainsi que pour les vins blancs, à base de muscat, de gewürztraminer, de scheurebe, de pinot gris, de riesling, de sauvignon blanc, sans oublier les xérès, de type fino, amontillado et oloroso, et certains vins doux naturels.

LA SCIENCE, UNE FIN EN SOI?

« Au XXe siècle, la science a subi de profonds changements. Cela à conduit, entre autres, à l'idée que nos connaissances les plus hautes ne consistent qu'en théories faillibles et modifiables. Théories qui seront tôt ou tard remplacées par de meilleures. La connaissance humaine est faillible précisément parce qu'elle est humaine; et nous sommes maintenant confrontés à cette découverte : elle ne consiste pas en certitudes immuables. »

ALBERT EINSTEIN

QUELLE ROUTE M'Y A CONDUIT?

+ J'approfondis les accords vins et mets depuis vingt ans, en redéfinissant au départ ce qui avait été considéré comme des « références absolues » (période 1989-1992).

+ J'ai commencé par le choix du vin, pour aller ensuite vers celui des mets – on ne peut « changer » le vin, mais il est aisé d'adapter la cuisine au vin (période 1992-1998).

+ Chemin faisant, après quelques années à proposer le vin avant le menu, donc à adapter le menu aux vins, et après avoir voyagé et étudié les cuisines du monde, je me suis inspiré des effluves et des structures des vins pour créer des mets « sur mesure », donc de nouvelles recettes, pour atteindre l'accord parfait (période 1998-2002).

Mon « laboratoire » de cette période féconde, qui a chevauché la fin du XXe siècle et l'arrivée du XXIe, aura été celui des repas dégustation présentés, entre autres, dans le cadre des activités du *Club de Vins François Chartier* (voir le document PDF des menus à la section Club de Vins du site Internet www.francoischartier.ca), avec la collaboration de nombreux chefs talentueux et ouverts d'esprit du Québec. J'en profite pour remercier les chefs Bassoul d'Anise, Bastien

CHARTIER, DANS LA CUISINE D'ELBULLI, ACCOMPAGNÉ DE JULI SOLER ET FERRAN ADRIA, AINSI QUE DU SOMMELIER JOSEP ROCA, DU RESTAURANT EL CELLER DE CAN ROCA

du Leméac (plus particulièrement pour sa collaboration lors des galas des deux premières éditions de *Montréal Passion Vin*), Besson de Laloux, de Canck de La Chronique, Desjardins de l'Eau à la Bouche, Fraudeau de l'hôtel Vogue, Gaildraud et Halbig du Bistro à Champlain, Godbout de Chez L'Épicier, Laloux du traiteur privé Laloux, Laprise du Toqué!, Lemieux du Bouchon de Liège, Picard du Club des Pins (aujourd'hui au Pied de Cochon), Massenavette de La Clef des Champs, Claude Pelletier du Mediterraneo (aujourd'hui au Club Chasse et Pêche) et Tavares du Ferreira Café. Je tiens aussi à souligner mes collaborations avec de grands chefs français de passage au Québec (Paul Bocuse de Bocuse et Philippe Legendre de Taillevent).

+ J'ai rapidement découvert que certains ingrédients, que j'ai nommés par la suite «ingrédients de liaison» étaient les catalyseurs les plus importants de la réussite de l'harmonie vins et mets. J'ai donc orienté mes recherches dans la direction des «ingrédients de liaison» (période 2002-2006).

+ Depuis 2006, il est une certitude : avec l'omniprésence de la cuisine créative d'avant-garde, influencée par les résultats de recherches en gastronomie moléculaire, grâce à la rencontre entre scientifiques et chefs, dont Ferran Adrià d'elBulli (meilleur restaurant au monde à cinq reprises), il faut absolument redéfinir la place du vin à table. En effet, cette nouvelle cuisine influencera considérablement notre façon de préparer les aliments et de manger au cours des quinze prochaines années.

+ Depuis le printemps 2006, je me consacre entièrement à cette redéfinition de la place du vin avec la cuisine d'avant-garde

du XXIᵉ siècle. J'ai entre autres passé plusieurs semaines sur la route depuis l'hiver 2007, dont en Catalogne.

+ Au même moment (2006), après plusieurs mois de réflexion, j'ai incorporé la science à mon travail afin de mieux comprendre les harmonies vins et mets que je pratique depuis vingt ans, plus particulièrement afin d'identifier les raisons pour lesquelles certains ingrédients deviennent des liaisons harmoniques évidentes avec certains types de vins. Cela donna lieu à la naissance du principe que j'ai nommé «harmonies et sommellerie moléculaires».

+ Depuis, grâce à la littérature scientifique et à mes colla-borations avec certains scientifiques, il m'est possible de pointer les principales molécules aromatiques qui signent l'identité structurale des aliments et des vins, pour ainsi identifier le pourquoi de certaines harmonies et créer de nouvelles liaisons harmoniques tant dans l'assiette qu'entre l'assiette et le verre.

LE PRAGMATISME DE C. S. PEIRCE

Une autre théorie, exprimée par le mathématicien et physicien américain Charles Sander Peirce – qui fixa les bases du «prag-matisme» par sa réflexion sur le savoir comme forme d'impli-cation pratique –, a aussi participé à ma décision d'utiliser la science dans l'univers de la compréhension de l'harmonie des vins et des mets :

Peirce soutenait dans son premier texte d'importance, Comment rendre nos idées claires (1878), que «Pour com-prendre clairement un terme, nous devions nous demander quel changement son utilisation apporterait à notre évaluation d'une situation problématique, ou d'une solution proposée. Ce changement constitue la signification du terme. Un terme dont l'utilisation n'apporte aucun changement n'a pas de signification vérifiable». Ainsi, Peirce présenta le «pragmatisme» comme une méthode de vérification de la signification des termes; et, par conséquent, comme une théorie de la signification. »

Il y ajoutait : «Le savoir est quelque chose d'actif, qu'on appréhende mieux en le considérant comme une activité prati-que. Les questions de signification et de vérité sont également mieux comprises dans ce contexte. »

Aussi que «Nous acquérons nos connaissances en tant que participants, non en tant que spectateurs.»

Il poursuit avec «La connaissance est un instrument, peut-être le plus important instrument de survie que nous possédions. Son aspect le plus utile étant son pouvoir explicatif, nous ne nous reposons sur elle, comme sur n'importe quelle explication, que tant qu'elle produit des résultats justes. Si nous commençons à rencontrer des difficultés, nous essayons de l'améliorer, voire de la remplacer. Cela signifie que le savoir scientifique n'est pas un ensemble de certitudes, mais d'explications. Et son accroissement ne consiste pas à ajouter de nouvelles certitudes à celles qui existent déjà, mais à remplacer les explications existantes par de meilleures.»

LA SUITE DES RECHERCHES EN HARMONIES ET SOMMELLERIE MOLÉCULAIRES?

J'aurai assurément besoin d'une bonne vingtaine d'années pour passer au scanneur l'ensemble des aliments et des vins qui se retrouvent à notre table…

Je poursuivrai mes discussions, mes collaborations et mes rencontres exploratoires au Québec, avec des chercheurs et des chefs, tout comme à l'étranger, avec des œnologues, des chimistes et des chefs – plus particulièrement avec Juli Soler et Ferran Adrià, du restaurant catalan elBulli, où j'agis à titre de consultant harmonique, ainsi qu'avec le centre international de recherches et d'études scientifiques en gastronomie *Alicia*.

Et, bien sûr, je travaillerai à la préparation d'un second ouvrage, faisant suite à ce premier tome, vulgarisant mes résultats de recherches en harmonies et sommellerie moléculaires, pour le plus grand plaisir de vos papilles!

François Chartier
www.francoischartier.ca

« Il n'y a qu'un seul pays en Europe qui pouvait engendrer à la fois Ferran Adrià et Àlvaro Palacios. »

MAGAZINE DECANTER

IL A ÉTÉ CONSACRÉ MEILLEUR RESTAURANT AU MONDE À CINQ REPRISES

El Bulli

elBULLI

VOYAGE DANS L'UNIVERS DU « MEILLEUR RESTAURANT AU MONDE »

> « Une idée n'est qu'un point de départ, et rien d'autre.
> Dès que votre pensée se met à l'explorer, elle se transforme. »
>
> PICASSO

Hommage à Ferran Adrià et Juli Soler, fondateurs et copropriétaires du restaurant catalan elBulli. En compagnie de leur équipe de créateurs inspirés, ils ont réécrit l'histoire moderne de la cuisine et ont littéralement transformé mon approche des aliments, des vins et de l'harmonie vins et mets.

Il aurait été impensable que je publie ce premier tome de Papilles et Molécules sans remercier l'équipe de elBulli. Ces gens m'ont ouvert les portes de leur inspirant atelier elBulliTaller, à Barcelone, et celles de leur mythique établissement de restauration à Roses.

Depuis 1994, je m'intéresse à leurs recherches à travers les inspirants ouvrages qu'ils ont publiés au fil des ans (www.elbulli.com). Leur méthode de travail en cuisine et en salle a littéralement transformé ma façon de travailler ainsi que ma connaissance des aliments et de la cuisine, ce qui m'a permis d'accoucher du principe « d'harmonies et sommellerie moléculaires ».

Je ne les remercierai jamais assez pour leur générosité, leur ouverture d'esprit, le partage de leur énorme savoir, tant dans leurs livres que lors de nos rencontres. Ils ont maintes fois manifesté leur confiance à l'égard de mes recherches en harmonies et sommellerie moléculaires. Comble de bonheur, Juli et Ferran m'ont fait l'honneur d'une préface.

Comme ils ont dévoilé leurs secrets dans de nombreux livres, ce que jusqu'ici les grands chefs et restaurateurs du monde n'avaient pas l'habitude de faire, je ne suis pas seul à avoir profité de leurs recherches et de leur philosophie de travail. Aujourd'hui, nombre de chefs, jeunes et moins jeunes, cuisiniers et restaurateurs, voient leur travail magnifié grâce à l'approche elBulli.

PRÉSENTATION D'ELBULLI ET DE SES ACTEURS

Le restaurant elBulli se classe dans le cercle très sélect des restaurants trois étoiles du célèbre *Guide Michelin*. Il a été consacré *Meilleur restaurant au monde* à cinq reprises (2002, 2006, 2007, 2008 et 2009), par le *Restaurant Magazine*, nouvelle bible britannique de la gastronomie mondiale qui publie chaque année le Top 50 des meilleures tables au monde établi par plus de 800 experts du domaine de la restauration.

Il est reconnu que certains chefs catalans, basques et espagnols influencent et dominent la gastronomie mondiale, en matière de créativité et d'avant-garde, depuis la fin des années quatre-vingt-dix. Le pivot central de ce renouveau est sans contredit le désormais mondialement célèbre Ferran Adrià, chef d'elBulli.

Le chef Adrià est à la cuisine ce que les Beatles ont été à la musique populaire, Bach à la musique classique ou Picasso à la peinture et à la sculpture : tout simplement une révolution. Il est devenu une référence et il influencera encore plusieurs futures générations de cuisiniers et de restaurateurs.

Quant à Juli Soler, au charisme légendaire, il dirige d'une main de maître les destinées du restaurant et celle de la marque

FERRAN ADRIA EN ENTREVUE DANS SON ATELIER DE BARCELONE
AVEC LE JOURNALISTE DU MAGAZINE L'ACTUALITÉ, CHRISTIAN RIOUX

ENTREVUE AVEC JULI SOLER AU ELBULLITALLER

elBulli. Il n'est ni plus ni moins que le René Angélil de la gastronomie mondiale. Il est l'homme-orchestre d'elBulli, faisant profiter à tous de ses qualités d'entrepreneur, de gestionnaire, de directeur, de maître d'hôtel, de relationniste et de sommelier – c'est lui qui a bâti la remarquable carte des vins d'elBulli. Il a propulsé l'établissement au pinacle de la gastronomie d'avant-garde. Lorsque Ferran a quitté le restaurant, en 1982, Juli a su voir son potentiel créatif et l'a rapidement ramené, la même année. La suite fait déjà partie de l'histoire, dont le récit est loin d'être terminé...

Le menu 2009 d'elBulli marquera une période riche en renouveau dans l'histoire déjà très innovatrice d'elBulli, Ferran Adrià étant actuellement dans une nouvelle période féconde et intense de créativité.

Ferran Adrià, en entrevue dans L'Express : **« 2009 sera la meilleure année dans l'histoire d'elBulli ».**

Pour l'avoir côtoyé dans son restaurant, en septembre 2008, ainsi que dans son atelier de création, en décembre de la même année, j'ai pu constater que les nouvelles idées se bousculent et s'entrechoquent dans la tête de ce génie des papilles. Il est appuyé par une solide équipe de « cuisiniers chercheurs », dont le grand chef Oriol Castro, son bras droit, et le chef des nouveaux produits, Eduard Xatruch.

À l'image de Picasso qui, après une succession de périodes créatives (bleue, rose, africaine...), a créé une véritable révolution avec l'avènement du cubisme, pour ensuite secouer ses contemporains avec son surréalisme, les prochaines créations signées Adrià devraient marquer une nouvelle étape dans la gastronomie mondiale !

LA NAISSANCE D'UNE COLLABORATION HARMONIQUE

J'ai eu le plaisir de me rendre au célèbre établissement, en 2006, pour vivre mon premier « festival elBulli », en compagnie de Cristina et Àlvaro Palacios. Ce dernier, grand viticulteur du Priorat, de la Rioja et du Bierzo, est un pionnier du renouveau des grands vins d'Espagne et du monde.

> « Il n'y a qu'un seul pays en Europe qui pouvait engendrer à la fois Ferran Adrià et Àlvaro Palacios. »
>
> MAGAZINE DECANTER

ALVARO PALACIOS ET FRANÇOIS CHARTIER, DANS LA CUISINE D'ELBULLI EN 2006

Depuis, une relation de respect et d'amitié s'est tissée entre moi et Juli Soler, puis avec Ferran Adrià et l'équipe de cuisine et de salle du elBulli, dont les sommeliers, Ferran « Fredy » Centelles Santana et David Seijas. Nos premières rencontres exploratoires m'ont conduit à présenter les résultats de mes recherches harmoniques dans un atelier conférence donné au gigantesque salon alimentaire Alimentaria, à Barcelone, en mars 2008.

Juli Soler, qui a assisté à ma présentation, m'a invité à venir partager mon travail avec Ferran Adrià et leur équipe de cuisiniers et de sommeliers, directement au restaurant, ce qui s'est fait en septembre 2008. Après trois heures de présentation, avec mes graphiques harmoniques (présentés dans ce livre) et mes nouvelles pistes de créativité en cuisine, tout comme pour l'harmonie vins et mets, il y eut des échanges constructifs avec cette quinzaine de têtes chercheuses de la gastronomie catalane. Le grand sommelier catalan Josep Roca, du tout aussi exceptionnel restaurant étoilé El Celler de Ca Roca (www.cellercanroca.com) avait aussi été invité pour l'occasion (voir commentaire sur une création de ce restaurant au chapitre *Fino et oloroso*).

Ferran Adrià m'a spontanément offert de revenir en décembre de la même année, afin de passer une semaine avec lui et son équipe, dans leur cuisine atelier de Barcelone. Cela me permettrait d'aller plus loin dans ma démarche, et d'inspirer certains nouveaux concepts pour le menu elBulli 2009.

Dès que j'ai commencé à consulter la liste des ingrédients sur lesquels ils travaillaient depuis quelques semaines,

CONFÉRENCE DE FRANÇOIS CHARTIER AU RESTAURANT ELBULLI,
EN SEPTEMBRE 2008

les idées harmoniques se sont bousculées dans ma tête. Les échanges qui ont suivi ont été fructueux, intenses et « sur le vif » au fil des essais et des dégustations d'aliments, de produits, de concepts et de recettes.

On m'a demandé de partager mes recherches en ajoutant à cette liste les aliments de la même famille harmonique, le but étant de créer l'harmonie de saveurs dans les différentes créations puis l'harmonie avec les vins.

À la question que lui posait, en mars 2009, une journaliste gastronomique du Québec : Comment les travaux de François Chartier se refléteront-ils dans le prochain menu de votre restaurant? Juli Soler a répondu : « D'abord, parce que François travaille avec nos chefs, Oriol Castro, Eduard Xatruch et aussi Ferran Adrià, pour faire les recherches avec les aliments et la façon de les marier avec d'autres aliments et vins. Bien sûr, quelques recettes de notre nouveau menu porteront la marque de tout son travail. »

Notre collaboration se poursuit depuis. Nous échangeons par courriel sur les concepts que nous avons partagés et perfectionnés, ainsi que sur les recherches ultérieures de l'équipe. Mon retour chez elBulli, en juillet 2009, nous a permis de pousser les expériences plus loin, en direct. Tout ça culminera en une myriade de nouvelles créations au menu de la saison 2009.

EN PLEIN TRAVAIL HARMONIQUE, DANS L'ATELIER *ELBULLITALLER*, AVEC FERRAN ADRIA ET ORIOL CASTRO

CHARTIER EXPLIQUE SES NOUVELLES RECHERCHES À JULI SOLER ET FERRAN ADRIA, EN DÉCEMBRE 2008, LORS DE SON ARRIVÉE À L'ATELIER CUISINE *ELBULLITALLER*

Photos : Enrique Marcos, Barcelone

L'ESPRIT ET L'ÂME DES MENUS 2006, 2007 ET 2008 D'ELBULLI

Ma femme et collaboratrice de toujours, Carole Salicco, et moi avons eu le privilège de vivre ce que j'appelle le « festival elBulli » en 2006, 2007 et 2008. Nous avons dégusté les menus de plus ou moins 35 services chacun, de grande cuisine d'avant-garde.

Pour résumer l'identité des menus que nous y avons savourés, voici les trois mots que ma conjointe adressa à Juli Soler lors du dernier repas de 2008 : « air », « terre » et « eau ». Voilà qui décrivait dans l'ordre l'impression laissée par les menus de 2006, 2007 et 2008. Juli Soler a répondu : « Il nous faudra alors être en « feu » en 2009 ! » Ce qui n'est pas loin de la vérité, devant l'immense renouveau créatif qui anime Ferran Adrià en préparation de cette nouvelle saison 2009 qui devrait faire école.

En 2006 le menu dégusté était truffé de créations aériennes, dont quelques tapas/plats travaillés par le procédé de sphérification, aux saveurs d'une précision, d'une présence et d'une longueur en bouche inouïes, tout en étant presque immatérielles. En 2007, les quelque 35 tapas/plats qui ont défilé sur nos papilles étaient plus terriens, plus sauvages, plus « matériels », plus puissamment savoureux. Le concept « terre et mer » catalan était omniprésent, avec un accent « terre » très marqué.

Enfin, en 2008, l'esprit et l'âme du Japon, qui commençaient à transparaître dans certaines créations de 2006 et 2007, se sont littéralement métamorphosés dans l'ensemble du menu, avec une façon plus asiatique d'approcher la cuisine, sans pour autant dénaturer les origines catalanes du goût particulier de Ferran Adrià. Le concept « terre et mer » catalan était cette fois imprégné par un accent plus « mer » que « terre », donc plus « eau ».

Pour avoir une idée plus « pratique » des créations d'elBulli, n'hésitez pas à découvrir leurs différents ouvrages, dont le dernier, le très réussi et accessible *A Day at elBulli* (édition Phaidon), ainsi que leur remarquable site Internet www.elbulli.com.

« EURÊKA ! C'EST UNE POMME ! »

« Le parfum est la forme la plus
intense du souvenir. »
JEAN-PAUL GUERLAIN

80 À 90 % DE TOUTES LES SENSATIONS
QUI STIMULENT NOTRE APPÉTIT
PROVIENNENT DES PARFUMS QUI
MONTENT À NOS NARINES

ARÔMES ET SAVEURS

L'IMPORTANCE FONDAMENTALE DES ARÔMES DANS L'IDENTIFICATION ET L'APPRÉCIATION DU GOÛT DES ALIMENTS, DES VINS ET DES BOISSONS

« Les odeurs sont un des éléments fondamentaux servant à la caractérisation sensorielle d'un vin. »
REVUE DES ŒNOLOGUES, AVRIL 2006

Les épices étaient au cœur des excursions asiatiques du grand explorateur Marco Polo au XIIᵉ siècle. La valeur attribuée à ces ingrédients aromatiques était déjà très importante à cette époque. Une livre de gingembre coûtait une chèvre. Quant au poivre, sa valeur était supérieure à celle de l'or !

Même si les molécules volatiles des aliments ne pèsent que 0,05 à 1 % du poids moléculaire total d'un aliment (masse représentée par les atomes), leur rôle s'avère crucial dans son goût. Donné en gramme, il équivaut à une mole (6,02 X 1023) de molécules. Par exemple, le poids moléculaire de l'eau est de 18 grammes ($H_2O = 1$ X 2 + 16).

Selon les chercheurs en sciences nutritionnelles, de 80 à 90 % de toutes les sensations qui stimulent notre appétit proviennent des parfums qui montent à nos narines. Sans arômes, votre tartine matinale aux fraises serait d'une insipide fadeur !

UNE PREUVE : LA POMME DE NEWTON...

Pour preuve du rôle des parfums dans notre alimentation, il suffit de croquer dans une pomme en vous pinçant le nez. Vous constaterez qu'il est impossible de percevoir la saveur et l'arôme de la pomme. Vous auriez les yeux bandés, en plus, qu'il vous serait impossible de reconnaître ce fruit ! Vous ne percevriez qu'une infime partie des sensations acides et de texture, mais il vous manquerait des données fondamentales pour identifier la présence physique et aromatique de ses molécules actives.

Pour poursuivre l'expérience, cessez de pincer votre nez. Le goût de la pomme inondera aussitôt votre bulbe olfactif et vous permettra de dire : « Eurêka ! C'est une pomme ! » Sans votre nez, il est impossible de reconnaître ce que vous mangez et buvez.

« Newton aurait rendu un fier service à notre compréhension du goût, en plus de jeter les bases de la loi de la gravité, si, après avoir reçu une pomme sur la tête, il l'avait aussi croquée en se bouchant le nez ! »

Ce sont donc surtout les molécules volatiles, par leur présence à la fois physique et aromatique, qui permettent à l'aliment et au vin d'avoir du goût.

« Les odeurs sont un des éléments fondamentaux servant à la caractérisation sensorielle d'un vin. Elles occupent une place prépondérante en œnologie, depuis le travail quotidien au chai jusqu'à la consommation du vin. Malheureusement, on constate généralement un important manque de rigueur dans ce qui touche à l'olfaction des vins, tant les méthodes de description des caractéristiques olfactives des vins que l'entraînement des professionnels du vin à l'olfaction souffrent de graves lacunes. L'entraînement des professionnels du vin à l'olfaction est dans la plupart des cas trop sommaire pour être véritablement complet et sérieux. » (*Revue des œnologues*, avril 2006)

Les arômes ont pour base, entre autres, des acides, des alcools, des phénols ou des esters, donc des composés que l'on pourrait qualifier de « physiques » à part entière. Ils se lient aux molécules des autres composés générateurs des saveurs sucrées, acides, salées, amères et « umami » pour signer le profil de goût d'un aliment ou d'un vin.

L'unami est la plus récente saveur. Elle a été identifiée en 1908 par le professeur Ikeda, un scientifique japonais.

Le goût de mangue de votre yogourt provient en partie de la saveur plutôt sucrée de la mangue et, surtout, de ses différentes molécules aromatiques. Une fois dans la bouche, après avoir participé à la signature physique de l'aliment et être passées à l'état gazeux, ces molécules cheminent jusqu'au nez par les voies rétronasales, concluant ainsi, par ses arômes, à son identité.

SAVEUR « MÈRE »

Il a été démontré que les saveurs transigent de la mère au bébé par le liquide amniotique, et ce, dès la onzième semaine de grossesse. Bien avant notre naissance, nous avons donc déjà expérimenté et intégré de multiples arômes et saveurs provenant de la diète de notre mère.

ARÔMES : LA RUÉE VERS L'OR !

De nos jours, comme l'étaient les épices à l'époque de Marco Polo, les molécules biochimiques des saveurs ont une plus grande valeur que l'or. Certains composés coûtent un prix stratosphérique !

« Le parfum est la forme la plus intense du souvenir. »
JEAN-PAUL GUERLAIN

L'industrie des saveurs, spécialement pour les aliments transformés, représente un chiffre d'affaires annuel mondial de huit milliards de dollars américains. Certaines molécules synthétiques sont même plus fortes en goût que leur équivalent naturel. C'est le cas de l'éthylvanilline, qui possède un goût trois à quatre fois plus prononcé que la vanille !

Les deux tiers de la diète américaine sont composés d'aliments transformés, dont la plupart contiennent des saveurs ajoutées.

À Cincinnati, Givaudan (www.givaudan.com), le plus gros manufacturier de saveurs et de fragrances au monde, fabrique plus de 6 000 saveurs aux tonalités de « fraise », ainsi que 4 000 variétés de saveurs jouant dans la sphère « orange », 3 000 saveurs différentes rappelant le « poulet » et quelques milliers d'arômes de « beurre ».

Ces saveurs sont créées à partir de molécules présentes dans chacun de ces aliments, tout comme dans de multiples autres ingrédients partageant leur identité aromatique.

Ce qui prouve la solidité de ma thèse d'harmonies et sommellerie moléculaires, résultant en de nouvelles familles d'aliments complémentaires et de vins.

LA VALEUR AJOUTÉE DE L'ARÔME À TABLE

Sans contredit, l'arôme donne de la complexité à un plat, tout en lui procurant ses qualités intrinsèques. La saveur des aliments et des boissons, incluant les vins, dépend de la perception olfactive, qui provient des molécules aromatiques libérées dans le palais et véhiculées vers la muqueuse olfactive par la voie rétronasale.

Les biochimistes alimentaires s'entendent pour dire que l'arôme est LA pierre angulaire de la saveur d'ensemble d'un mets, à partir de laquelle l'alchimie des réactions et des ingrédients permet à l'humain de désirer ou non consommer un plat ou un ingrédient. Ceci vaut aussi pour le vin.

L'odorat et le goût servent à la fois de renforcements négatifs (dégoût, satiété) et de renforcements positifs (désirs, faim). Tout ce que l'on consomme ou non, chez les aliments comme chez les vins, nous est dicté par l'arôme. Que ce soit à l'épicerie ou au restaurant, le parfum dicte nos choix.

Chez les insectes, qui ne mangent que pour survivre le temps de se reproduire, la prise alimentaire est le fruit de stimuli sensoriels principalement olfactifs.

Lorsque l'on déguste un vin, tout comme un plat ou un ingrédient, nous les goûtons en une succession d'étapes. À la base, d'une façon simple et conditionnée, tout le monde déguste en deux temps. *Primo*, par le nez, avec les arômes. *Secundo*, par la bouche, grâce à la remontée des arômes par les voies rétronasales.

PAPILLES ET MOLÉCULES

DES RÉCEPTEURS OLFACTIFS DANS LES CELLULES... SPERMATIQUES!

« On a découvert que les récepteurs olfactifs n'étaient pas uniquement exprimés dans les neurones olfactifs. Des récepteurs du même type sont aussi dans divers organes du corps humain, dont le foie, et dans les cellules spermatiques où ils pourraient jouer un rôle important en guidant les spermatozoïdes vers l'ovule. Ces derniers pourraient être perturbés dans leur chemin vers l'ovule par des molécules odorantes spécialement sélectionnées, ouvrant ainsi de nouvelles perspectives en matière de contraception locale. » *(Revue des œnologues, 2006)*

Pour identifier la saveur générale d'un aliment ou d'un vin et en dégager une impression, notre cerveau combine ces sensations aromatiques complexes avec les saveurs de base et l'ensemble des saveurs, ce qui inclut autant les cinq saveurs fondamentales que leurs interactions et les arômes de nez et de bouche. La syntaxe de ces sensations joue le rôle final dans notre conscience, notre esprit assemblant le tout et lui donnant un sens.

Le sens de l'odorat est indiscutablement le plus sensible et le plus subtil. L'homme n'est pas, et de loin, l'espèce ayant les meilleures performances en matière olfactive... Néanmoins, le nez humain se révèle être, du moins à ce jour, un détecteur des molécules aromatiques plus sensible que la plupart des capteurs physico-chimiques connus.

DES MOLÉCULES AROMATIQUES UNIQUES!

Dans le monde moléculaire des composés volatils, il est remarquable de constater que l'on n'a jamais trouvé deux molécules différentes ayant des odeurs identiques. Certes, certaines molécules de structure similaire ont des odeurs voisines, bien que distinguables. On connaît cependant de nombreux cas pour lesquels d'infimes modifications moléculaires peuvent entraîner des perceptions olfactives totalement différentes. Inversement, des structures très différentes peuvent engendrer des odeurs similaires.

UNE CARTOGRAPHIE ERRONÉE DE LA LANGUE...

L'étude scientifique des sens chimiques que sont l'odorat et le goût a longtemps été négligée par rapport à celle de la vue et de l'ouïe. Heureusement, depuis plus d'une quinzaine d'années, l'étude de l'olfaction a connu un considérable regain d'intérêt. La publication en 1991, par Buck et Axel, de la famille de gènes qui détiennent le message génétique correspondant à une protéine donnée, donc aux récepteurs olfactifs, a ouvert la voie à de nombreux travaux scientifiques.

Le prix Nobel 2004 de physiologie ou médecine est venu récompenser l'ensemble de leurs contributions et motiver moult chercheurs à poursuivre sur les chemins de la compréhension scientifique des mécanismes de l'olfaction et du goût.

« Ce n'est donc que récemment que les chercheurs en science alimentaire ont compris que la cartographie des saveurs perçues par la langue, établie au XIXe siècle, avait fait, en partie, fausse route. »

L'idée que les papilles de la langue étaient divisées en quatre groupes (seulement quatre saveurs étaient connues à l'époque), répartis à quatre endroits stratégiques sur la langue et les parois buccales, est en grande partie erronée.

On sait aujourd'hui que les différentes régions de la langue peuvent ressentir différentes saveurs à la fois. Le sucré ne se ressent pas uniquement au bout de la langue, pas plus que l'amertume n'est ressentie uniquement par les papilles situées au fond de la langue et du palais.

On ne devrait plus parler de l'amertume au singulier, mais plutôt au pluriel, car il existe, au minimum, quatre ou cinq types d'amers...

COMPOSÉS AROMATIQUES À HAUTE DENSITÉ MOLÉCULAIRE

La concentration plus élevée en alcool (éthanol) des vins fortifiés comme le madère, le porto et le xérès, a un impact sur les composés volatils qui contribuent au parfum et à la saveur du vin.

Plusieurs des composés volatils deviennent plus solubles lorsque le degré d'alcool d'un vin augmente. Aussi, certains de ces composés aromatiques deviennent plus difficiles à sentir à un certain degré d'alcool.

Par contre, un taux élevé d'alcool permet aux composés aromatiques à haute densité moléculaire, plus lents à se rendre volatils dans les vins à plus faible teneur en alcool, d'être mis en évidence, contribuant ainsi de façon plus importante à la saveur générale de ces vins plus riches en alcool.

Dans un vin à faible teneur en alcool, les premiers arômes à être perceptibles à la surface du vin seront les composés aromatiques à faible densité moléculaire. Dans le vin à teneur en alcool plus élevée, comme les vins fortifiés, peu de composés à faible densité moléculaire seront présents à la surface du vin.

Lors de la dégustation de vins à teneur dite « normale », se situant entre 10 et 14 % d'alcool, les arômes sont libérés par paliers, en succession. Cela débute avec les composés à faible densité moléculaire, puis, plus tard s'il y a lieu, grâce, entre autres, à l'impact de l'oxygène de l'air sur le vin, avec ceux à forte densité. Dans les vins à teneur plus élevée en alcool, entre 15,5 et 20 %, les composés aromatiques à faible densité sont rapidement inhibés pour faire place aux composés à forte densité moléculaire.

BOIRE OU DÉGUSTER?

La teneur de la densité moléculaire des composés volatils explique en grande partie pourquoi les vins sont souvent perçus différemment d'une personne à l'autre, spécialement entre les personnes qui s'y attardent et celles qui ne prennent pas le temps de « décortiquer » le vin. Il y a un monde entre « boire » et « déguster ».

Si l'on vous place une branche de romarin sous le nez, vous pouvez rapidement reconnaître l'odeur « générale » et vous dire que c'est celle du romarin. Mais vous pouvez aussi prendre quelques instants pour décortiquer les différentes notes qui composent son parfum « général », pour ainsi découvrir qu'il y a dans le romarin des tonalités boisées, florales et épicées, ainsi que des notes de camphre et d'eucalyptus. C'est toute la différence entre « sentir » et « ressentir », entre « boire » et « déguster »…

DÉGUSTATION PAR « IMAGES OLFACTIVES »

En 2006, la *Revue des œnologues* nous apprenait que l'on avait récemment découvert que la reconnaissance des odeurs s'apparente à la reconnaissance de formes. C'est comme si des images olfactives étaient projetées au sein du bulbe olfactif.

Le nombre élevé de types de récepteurs olfactifs, le caractère combinatoire de l'information et cet aspect « reconnaissance de formes » expliquent que l'on soit capable de distinguer les odeurs d'un nombre incroyablement élevé de molécules aromatiques différentes.

PLUS DE 40 MILLIONS DE MOLÉCULES ODORANTES!

Si l'on admet qu'une molécule odorante donnée peut activer seulement trois récepteurs différents au niveau du bulbe olfactif, le nombre théorique de molécules que l'homme serait susceptible de discerner serait de l'ordre de 40 millions, soit le nombre de toutes les molécules volatiles connues à ce jour.

PARFUM : SINGULIER OU PLURIEL?

On pense à tort que le parfum d'une épice ou d'une herbe, tout comme d'un aliment cru est singulier, c'est-à-dire composé d'une seule molécule aromatique qui lui donne son caractère spécifique. Bien au contraire, l'arôme de chaque herbe, épice et aliment est composé d'un cocktail de molécules volatiles qui, par leurs mélanges, procure la signature aromatique finale.

Quelquefois, certains composés aromatiques dominent et donnent ainsi la note principale, comme dans le cas de l'eugénol (pour le clou de girofle), de l'aldéhyde cinnamique (cannelle), de l'anéthol (anis étoilé et fenouil) et du thymol (thym). Ce sont de rares exemples.

Dans la presque totalité des cas, cependant, c'est le mélange de composés aromatiques qui procure la véritable signature. Par exemple, les graines de coriandre (où l'on trouve, entre autres, les composés volatils dominants suivants :

pinène, citral, linalol, camphre) sont à la fois florales et citronnées, ainsi que marquées par une touche de pin.

Donc, la prochaine fois que vous aurez une épice ou une herbe sous le nez, prenez le temps de la sentir, et même de la ressentir. Vous y découvrirez une complexité aromatique insoupçonnée! Il en va de même pour les vins.

LA NOBLESSE DES SAVEURS AMÈRES

De toutes les saveurs, les amères sont celles que notre organisme reconnaît le plus facilement. Pour beaucoup de dégustateurs et de gastronomes, elles seraient les plus nobles des saveurs, méritant ainsi de clore cette première introduction dans l'univers des arômes et des saveurs (introduction qui se poursuivra dans le tome II de *Papilles et Molécules*).

Nous avons hérité cette capacité à percevoir aussi efficacement les saveurs amères de nos ancêtres de l'époque paléolithique, qui, en sachant les reconnaître, évitaient l'empoisonnement alimentaire (les végétaux possédant des composés mortels sont habituellement très amers).

L'ANXIÉTÉ PERTURBE LE GOÛT

Le résultat de recherches scientifiques alimentaires nous montre que les cobayes qui affichent un niveau d'anxiété élevé, selon les tests psychologiques, sont ceux qui perçoivent moins bien que les autres goûteurs les saveurs amères et salées.

L'être humain est en moyenne 1 250 fois plus sensible à la quinine, qui est une substance très amère, qu'au sucrose, au goût sucré. Pourtant, il serait aisé de penser que, par notre goût inné pour le sucre (le lait maternel étant vanillé), nous sommes plus sensibles aux goûts sucrés.

Eh non! Les amers sont les goûts auxquels nous sommes les plus sensibles. Je dis bien « les » amers, car il existe cinq ou six amers différents et peut-être même plus.

Espoir à l'horizon pour ceux et celles qui sont rebutés par les saveurs amères, car sachez que le goût n'est pas fixé à jamais dans nos gènes. Au contraire, il est très plastique. Il change avec l'âge, l'état de santé, l'apprentissage, la connaissance, voire l'état d'esprit.

Alors, ayez confiance en vos papilles et n'oubliez pas que les molécules volatiles vous parlent!

ROMARIN

SCHR

SIROP D'ÉRABLE

MENTHE

XÉRÈS FINO & MANZANILLA

GINGEMBRE

FROMA
DU
QUÉBEC

FRAISE

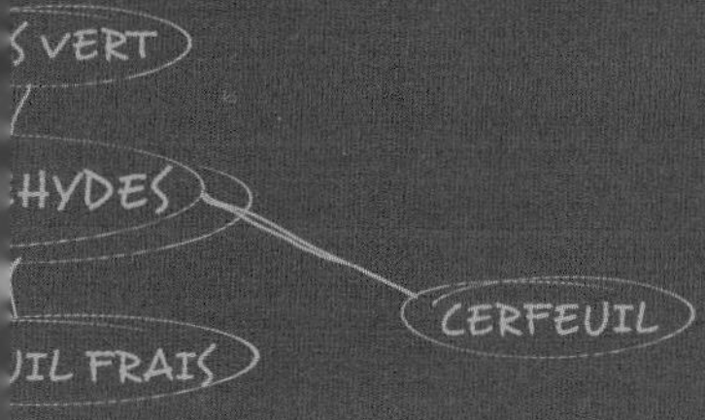

S VERT

HYDES

CERFEUIL

IL FRAIS

CHAPITRES HARMONIQUES
SUR LES ALIMENTS ET LES VINS

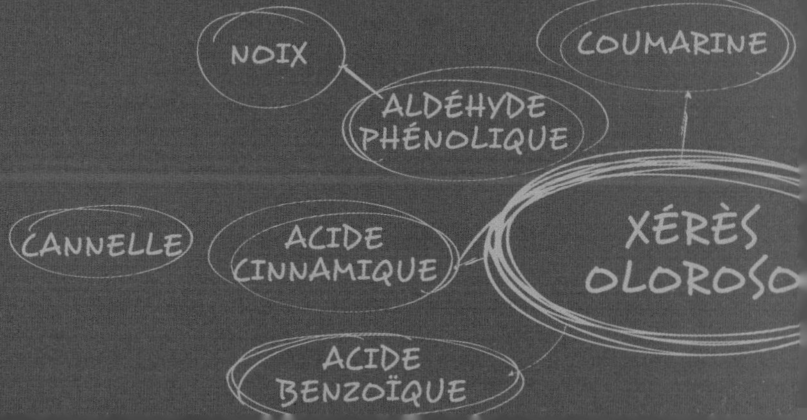

NOIX

COUMARINE

ALDÉHYDE
PHÉNOLIQUE

CANNELLE

ACIDE
CINNAMIQUE

XÉRÈS
OLOROSO

ACIDE
BENZOÏQUE

AGASTACHE

ANETH

ANIS ÉTOILÉ (BADIANE CHINOISE)

ASA-FŒTIDA

BASILIC

BETTERAVE JAUNE

CAROTTE JAUNE

CARVI

CÉLERI

ANISÉS/MENTHE/
SAUVIGNON BLANC CERFEUIL

RACINES
DE PERSIL

GÉNÉPI

CORIANDRE FRAÎCHE

FENOUIL FRAIS

LIVÈCHE

MÉLISSE

MENTHE

MONARDE

PANAIS

ET AUTRES LÉGUMES

RACINES,

AINSI QUE PERSIL,

RÉGLISSE ET SHISO,

TOUS PORTEURS

DE MOLÉCULES SAPIDES

AU GOÛT ANISÉ.

ALBARIÑO (RIAS BAIXA/ESPAGNE)
CHARDONNAY (NON BOISÉ/CLIMAT FRAIS, CHABLIS,
NOUVELLE-ZÉLANDE)
CHENIN BLANC (LOIRE ET AFRIQUE DU SUD)
CORTESE (GAVI/ITALIE)
FURMINT (TOKAJI/HONGRIE)

MENTHE ET SAUVIGNON BLANC

UNE PORTE OUVERTE DANS L'UNIVERS DES ALIMENTS ET DES VINS AU GOÛT ANISÉ

« L'art du bon chercheur est, d'abord et avant tout, de choisir les bonnes questions. Einstein y était passé maître. »

HUBERT REEVES

LA MENTHE, UNE PREMIÈRE PISTE AROMATIQUE…

Au fil de mes recherches, j'ai cherché à identifier les molécules responsables de la saveur des aliments – celles qui leur donnent du goût –, spécialement chez les «ingrédients de liaisons harmoniques». J'ai remarqué que les aliments pouvaient être réunis en grandes familles aromatiques, pour ainsi parvenir à une plus grande précision dans la quête de l'harmonie avec les vins et dans la création de plats en cuisine.

On remarque, par exemple, une correspondance particulière entre la menthe et le sauvignon blanc, ainsi qu'entre les mets dominés par des aliments riches en composés volatils anisés, comme la menthe.

NAISSANCE D'UNE DISCIPLINE

Après avoir cherché à comprendre l'univers aromatique du vin jaune et du curry (voir chapitre *Sotolon*), la rencontre harmonique entre la menthe et le sauvignon blanc a été la première piste aromatique que j'ai explorée lorsque j'ai entrepris mon travail de recherche sur les harmonies moléculaires en 2006.

J'observais depuis de nombreuses années déjà que lorsque la menthe dominait dans un plat, à l'exemple du taboulé du Moyen-Orient (une salade rafraîchissante de couscous à la menthe et au persil frais) ou d'un sandwich au fromage de chèvre avec menthe fraîche et des tranches de concombre et de pomme verte, l'harmonie avec les vins de type «sauvignon

blanc», souvent marqués par un arôme anisé jouant dans l'univers de la menthe, était toujours juste et précise.

Je me suis donc engagé sur la piste de la compréhension moléculaire de la menthe et du sauvignon blanc, pour découvrir l'explication de leur pouvoir d'attraction l'un sur l'autre. Puis, à ma grande surprise, j'ai pu établir, premièrement sur papier, de multiples liens aromatiques entre la menthe et d'autres herbes et légumes aussi porteurs du «goût anisé» de la menthe et du sauvignon blanc. J'ai commencé par le basilic vert, le bulbe de fenouil frais, le céleri, le cerfeuil, le persil et certains légumes racines comme la carotte jaune. Goûtés séparément, ces ingrédients m'avaient toujours paru un brin anisés. Mais pour établir un lien qui les rassemble, il m'a fallu faire un rapprochement plus «scientifique», si je peux m'exprimer ainsi.

Au fil de mes travaux, en construisant des tableaux par groupes types de composés volatils, j'ai compris que tous ces ingrédients étaient liés par un assemblage de molécules aromatiques qui se ressemblent et s'assemblent grâce à un puissant pouvoir d'attraction.

De la théorie à la pratique, il n'y avait qu'un pas que j'ai rapidement franchi. J'ai ainsi réussi de vibrantes harmonies entre ces «nouveaux» ingrédients au goût anisé et les vins de sauvignon blanc ou d'autres vins présentant un profil similaire. Des accords qui chaque fois s'avéraient aussi résonnants que celui originellement réalisé entre la menthe et le sauvignon blanc.

PREUVE HARMONIQUE...

Du coup, j'avais sous les yeux et sur les papilles (!) la confirma-tion théorique et pratique que cette théorie harmonique faisait sens. Dès lors je me suis fixé comme programme de passer au « scanneur » le plus grand nombre de vins et d'aliments possible dans le but de découvrir de nouvelles familles harmoniques. Ces connaissances offriraient une nouvelle voie de création en cuisine, aussi bien aux chefs professionnels qu'aux cuisiniers en herbe. Ce travail est bien entamé et continue de m'inspirer. J'espère que ce livre, qui présente un échantillon de mes recherches, sera le premier d'une longue lignée à venir.

LES HERBES ET LÉGUMES AU GOÛT ANISÉ

Les herbes et les légumes au goût anisé proviennent en majo-rité de trois familles, soit les apiacées (ombellifères), comme le cerfeuil et le fenouil, les astéracées, comme l'estragon, et les lamiacées, dont font partie le basilic et la menthe poivrée.

Ce sont des ingrédients à base de molécules au goût anisé comme l'anéthol (anis vert, badiane, basilic vert, céleri, cerfeuil, fenouil frais), la R-carvone (menthe) et la S-carvone (carvi), l'estragole (anis, basilic, estragon, fenouil frais, pomme), l'eugénol (basilic thaï, basilic vert, clou de girofle), l'apigénine (persil) et le menthol (basilic, coriandre fraîche, fenouil frais, mélisse, menthe, légumes racines).

Fait intéressant et plutôt rare, la R-carvone et la S-carvone ont des odeurs différentes alors que ce sont des molécules de composition chimique identique, mais de structures légè-rement différentes.

RHIZOMES ET GOÛT ANISÉ

Les rhizomes (daïkon, radis noir, galanga curcuma, gingembre, racine de chicorée, igname, racine de persil, topinambour) ont aussi une saveur anisée/réglissée, ce qui les lie à la réglisse et aux autres ingrédients de la famille des anisés.

UNE AFFINITÉ AROMATIQUE DANS L'ASSIETTE?

Pour confirmer la véritable affinité aromatique des ingrédients qui n'avaient pas été classés au préalable dans la catégorie des anisés, il me fallait faire des essais à table avec différents vins.

Ce fut concluant. Je dirais même renversant et inspirant. Plusieurs idées de recettes jouant avec quelques-uns de ces ingrédients ont aussitôt jailli de mon « palais psychique » (mémoire gustative). Ceci a permis avant tout une harmonie des ingrédients dans l'assiette, pour des recettes plus harmo-nieuses et vibrantes, puis une osmose aromatique avec le vin choisi, pour des accords tout aussi harmonieux et plus précis que jamais.

Prenons, par exemple, l'idée qui m'est venue de redéfinir le mythique gargouillou de jeunes légumes, un plat signé Michel Bras, célèbre chef de Laguiole en Aubrac. Il suffit de recompo-ser ce méli-mélo de légumes et d'herbes uniquement avec des ingrédients au goût anisé, donc avec des aliments des familles des apiacées (ombellifères), des astéracées et des lamiacées.

Il s'agit d'une recomposition « sur mesure » en harmonie parfaite avec un vin blanc aux mêmes tonalités anisées, comme le sont certains jeunes vins secs, non boisés, à base de sauvignon blanc ou de verdejo. Elle est aussi compatible avec des vins à base d'albariño, de greco di Tuffo, de vermentino, de pinot blanc, du furmint, de chenin blanc ou de romorantin.

TRUC DU SOMMELIER-CUISINIER

Gargouillou de jeunes légumes « en mode anisé » Recomposez cette assiette de légumes frais avec, au choix et selon la saison : des bulbes de fenouil frais ou braisés, des feuilles de fenouil, du céleri à l'eau salée ou confit, des topinambours en purée et en rondelles cuites vapeur à l'eau de réglisse, des betteraves jaunes, des carottes au carvi, des panais, du céleri-rave, des crosnes, du salsifis, des racines de persil, du concombre, de poivrons vert et jaune. Jouez avec les parfums sous forme de dés de gelée, d'aneth, de basilic, de cerfeuil, de coriandre fraîche, de menthe et de persil plat, sans oublier les touches d'huile d'olive parfumée au basilic, au persil frais, au gingembre, au galanga ou encore au curcuma. De multiples variations sont envisageables à partir de cette recette d'un grand maître du potager.

SAUMON CONFIT, PERSIL, FENOUIL, MENTHE ET LÉGUMES RACINES

Plus simplement, préparez un saumon confit arrosé d'huile de persil et accompagné d'une salade de bulbe de fenouil cru – légèrement blanchi, tranché très finement à la mandoline et rehaussé subtilement d'une huile parfumée à la menthe

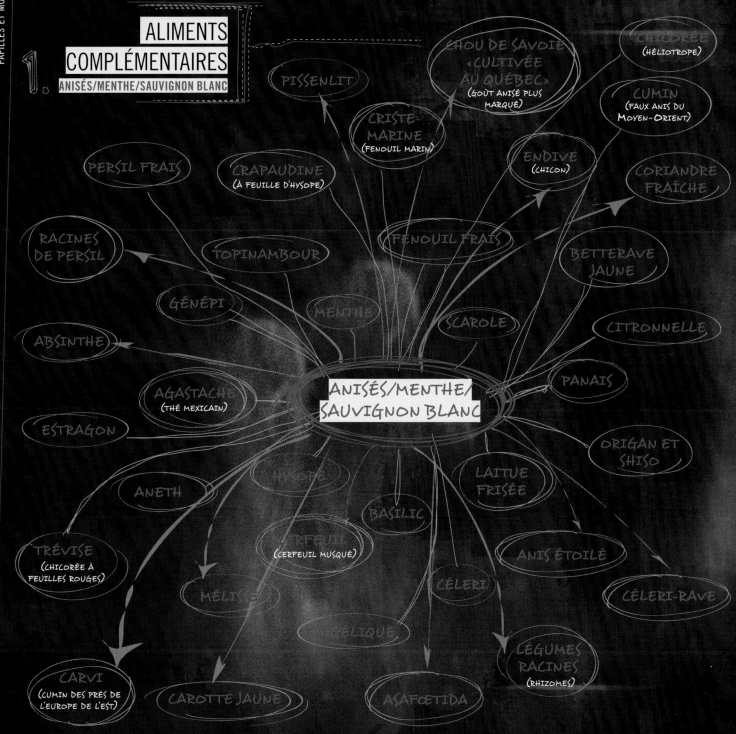

ALIMENTS COMPLÉMENTAIRES
ANISÉS/MENTHE/SAUVIGNON BLANC

1.

ANISÉS/MENTHE/
SAUVIGNON BLANC

PISSENLIT

CHOU DE SAVOIE
«CULTIVÉE
AU QUÉBEC»
(GOÛT ANISÉ PLUS MARQUÉ)

CHICORÉE
(HÉLIOTROPE)

CUMIN
(FAUX ANIS DU MOYEN-ORIENT)

CRISTE-MARINE
(FENOUIL MARIN)

ENDIVE
(CHICON)

CORIANDRE
FRAÎCHE

PERSIL FRAIS

CRAPAUDINE
(À FEUILLE D'HYSOPE)

FENOUIL FRAIS

BETTERAVE
JAUNE

RACINES
DE PERSIL

TOPINAMBOUR

SCAROLE

CITRONNELLE

GÉNÉPI

MENTHE

ABSINTHE

PANAIS

AGASTACHE
(THÉ MEXICAIN)

ESTRAGON

ORIGAN ET
SHISO

HYSOPE

LAITUE
FRISÉE

ANETH

BASILIC

CERFEUIL
(CERFEUIL MUSQUÉ)

ANIS ÉTOILÉ

TRÉVISE
(CHICORÉE À FEUILLES ROUGES)

CÉLERI

CÉLERI-RAVE

MÉLISSE

ANGÉLIQUE

LÉGUMES
RACINES
(RHIZOMES)

CARVI
(CUMIN DES PRÉS DE L'EUROPE DE L'EST)

CAROTTE JAUNE

ASAFŒTIDA

fraîche –, accompagné d'une purée de légumes racines (panais ou topinambour).

Vous parviendrez facilement à l'union quasi parfaite entre tous les éléments d'un plat et le vin servi de type « sauvignon blanc ». Finies les fausses notes comme c'est souvent le cas avec les légumes d'accompagnement qui ne s'accordent pas au vin choisi pour la pièce de poisson ou de viande…

On accorde souvent le vin à la pièce principale (telle une viande ou un poisson) sans tenir compte des légumes, de la sauce ou des autres types d'accompagnements. Grâce à une meilleure connaissance des saveurs des aliments et des vins, il est plus que jamais logique et aisé de tenir compte de tous les ingrédients qui composent une assiette, et ce, tant dans la réussite de votre recette que dans l'harmonie globale de tous ces ingrédients avec le vin.

TRUC DU SOMMELIER-CUISINIER

Sandwich en mode anisé et au goût de froid Montez un sandwich au fromage de chèvre frais avec de fines tranches craquantes de pomme verte ou rouge, une julienne de fenouil frais (ou des tranches de betterave jaune), et du concombre, avec de la menthe fraîche et de la mayonnaise mélangée avec du carvi (ou du wasabi), et, au choix, une tranche de truite fumée. Servez-vous une bonne rasade de sauvignon blanc ou de verdejo. L'harmonie ne vous aura jamais parue à la fois aussi facile et gourmande!

Une recette simple comme bonjour, rafraîchissante et représentative des recettes à base d'aliments « anisés » et au « goût de froid ». Elle démontre hors de tout doute que les résultats des recherches en harmonie et sommellerie moléculaires sont adaptables à toutes les circonstances, tant pour la cuisine de tous les jours que pour celle des grandes occasions, et autant pour les recettes et les vins à petit prix, que pour les envolées harmoniques plus dispendieuses. Peu importe vos connaissances en cuisine ou votre budget, vous atteindrez l'harmonie à tout coup.

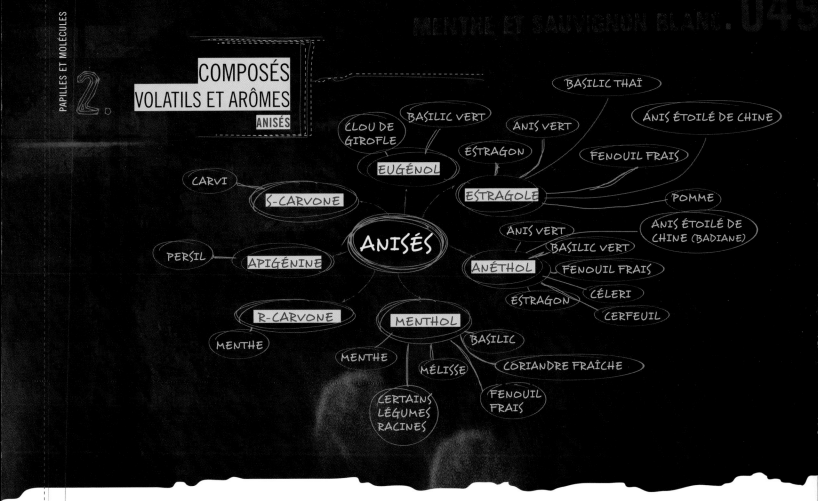

COMPOSÉS VOLATILS ET ARÔMES ANISÉS

ANISÉS

- BASILIC THAÏ
- BASILIC VERT
- ANIS VERT
- ANIS ÉTOILÉ DE CHINE
- CLOU DE GIROFLE
- ESTRAGON
- FENOUIL FRAIS
- EUGÉNOL
- ESTRAGOLE
- POMME
- CARVI
- S-CARVONE
- ANIS VERT
- ANIS ÉTOILÉ DE CHINE (BADIANE)
- BASILIC VERT
- PERSIL
- APIGÉNINE
- ANÉTHOL
- FENOUIL FRAIS
- ESTRAGON
- CÉLERI
- CERFEUIL
- R-CARVONE
- MENTHOL
- BASILIC
- MENTHE
- MENTHE
- MÉLISSE
- CORIANDRE FRAÎCHE
- CERTAINS LÉGUMES RACINES
- FENOUIL FRAIS

LES MOLÉCULES ANISÉES

Comme il a été mentionné précédemment, les composés volatils à «goût anisé» sont surtout présents, à différents niveaux de concentration, dans les légumes et les herbes des familles des apiacées (ombellifères), des astéracées et des lamaciées. On y dénote, entre autres, les composés volatils suivants (voir graphique 2).

Les molécules dominantes des arômes anisés sont avant tout l'anéthol et l'estragole, que l'on trouve surtout dans l'anis étoilé de Chine (badiane), le basilic vert, le fenouil frais, le céleri, le cerfeuil et l'estragon, ainsi qu'en plus faible proportion dans les pommes fraîches.

Les aliments riches en anéthol sont l'aneth, l'anis, l'anis étoilé de Chine, le basilic vert, le carvi (cumin des prés), l'estragon et le fenouil frais. Ils ont en commun de nombreuses autres molécules qui leur procurent leur caractère distinctif.

La betterave jaune a aussi un goût anisé, ce qui n'est pas vraiment le cas de la betterave rouge qui a un goût plus fruité et aussi plus terreux, dû à la présence de géosmine, une molécule volatile à forte odeur de «terre humide/bois moisi», un arôme qui s'avère un défaut dans les vins.

LE «GOÛT DE FROID»

La menthe fait partie du groupe d'aliments «au goût de froid», que j'ai ainsi nommé à cause de la présence de différents composés aromatiques, dont le menthol qui, comme l'estragole pour la pomme, procure sa fraîche identité à la menthe.

Le menthol est présent dans toutes les variétés de menthe. À faible dose, il active des récepteurs thermiques au froid, et, à

forte dose, il a un effet brûlant, à l'exemple de la capsaïsine présente dans le piment. Tout comme la pomme, les poivrons verts et les concombres, la menthe contient d'autres molécules qui, comme le menthol, éveillent des récepteurs également activés par des températures comprises entre 8 et 28 degrés Celsius. Ces ingrédients simulent le froid, d'où leur sensation de fraîcheur en bouche, spécialement lorsque dégustés crus.

Comme la menthe fait partie de la famille des anisés, on peut ajouter à ces quatre ingrédients au « goût de froid » (voir chapitre du même nom) plusieurs autres aliments anisés au pouvoir rafraîchissant comme le céleri, le persil, le fenouil, la coriandre, le panais et les racines de persil, sans oublier le gingembre, la pomme verte, la mélisse la verveine et la citronnelle (proches de la mélisse et de la verveine).

Ce sont des ingrédients d'autres familles de composés aromatiques, mais qui créent également une perceptible sensation de fraîcheur en bouche, proche de celle des anisés.

Cette sensation de « froid » est à prendre en compte dans le choix du vin pour l'harmonie. Selon les autres composantes du plat, leur présence peut avoir un effet tampon, calmant par exemple la chaleur des épices, ainsi que celle de la température de service du mets. Cela appelle le choix d'un vin riche en alcool ou encore le service d'un vin moins froid, la fraîcheur étant déjà accentuée en bouche par les ingrédients au « goût de froid ».

LES VINS BLANCS AU PROFIL ANISÉ

La touche anisée dominante, souvent signée par des molécules volatiles aux parfums de menthe, de basilic ou de fenouil, ainsi que la fraîche acidité et l'électrisante minéralité de certains vins blancs en font un choix sur mesure dans ces cas. Ils s'harmonisent aux mets dominés par des aliments riches en composés anisés – dont certains sont aussi pourvus en molécules « au goût de froid », tels que décrits précédemment –, que l'on trouve, entre autres, dans l'aneth, le basilic vert, le cerfeuil, le céleri, la coriandre fraîche, le fenouil frais, la menthe et le persil, sans oublier la carotte jaune, la betterave jaune, le panais et les autres légumes racines.

Les ingrédients de cette famille sont en harmonie parfaite avec un vin blanc aux mêmes tonalités anisées que certains jeunes vins secs, idéalement non boisés (voir graphique 3).

RECETTE DE ROULEAUX DE PRINTEMPS
« EN MODE ANISÉ »

Afin de mettre en pratique les résultats théoriques obtenus dans l'univers des ingrédients de la famille des anisés, j'ai cuisiné, entre autres, l'un de mes mets favoris lorsque le soleil déverse ses torrides rayons sur nos corps : des rouleaux de printemps aux crevettes. Tout le monde peut en cuisiner à la maison tant il est simple de s'en rouler un !

3. VINS BLANCS ANISÉS

ALBARIÑO (RIAS BAIXA/ESPAGNE)
CHARDONNAY (NON BOISÉ/CLIMAT FRAIS, CHABLIS, NOUVELLE-ZÉLANDE)
CHENIN BLANC (LOIRE ET AFRIQUE DU SUD)
CORTESE (GAVI/ITALIE)
FURMINT (TOKAJI/HONGRIE)
GARGANEGA (SOAVE, VÉNÉTIE)
GODELLO (VALDEPEÑAS/ESPAGNE)
GRECO DI TUFFO (CAMPANIE/ITALIE)

GRUNER VELTLINER (AUTRICHE)
PINOT BLANC (ALSACE ET ITALIE)
RIESLING (ALLEMAGNE ET ALSACE)
ROMORANTIN (COUR-CHEVERNY/FRANCE)
SAUVIGNON BLANC (LOIRE, BORDEAUX, CHILI, NOUVELLE-ZÉLANDE)
VERDEJO (RUEDA/ESPAGNE)
VERMENTINO (SARDAIGNE ET TOSCANE)

Pour que l'union soit quasi parfaite avec un vin blanc de type sauvignon blanc – le vin blanc sélectionné lors de cet exercice était la grandissime cuvée Silex 2000 Blanc Fumé de Pouilly, du défunt Didier Dagueneau, qui se montrait rafraîchissant, aérien et extraverti, d'une subtilité anisée vibrante et d'une texture satinée unique –, j'ai ajouté à ces rouleaux de crevettes (sautées au préalable à la poêle) une fine julienne de daïkon ainsi qu'un émincé de feuilles et de cœur de céleri, du feuillage et de fines lanières d'un bulbe de fenouil, un émincé fin de pois mange-tout, de concombre et de poivrons vert et rouge, sans oublier quelques feuilles de menthe fraîche.

Ces ingrédients de la famille des anisés et les ingrédients au « goût de froid » – concombre, poivron et menthe –, possèdent un lien très étroit avec ce grand blanc d'une remarquable longueur en bouche. Enfin, pour sceller l'accord, spécialement avec un sauvignon blanc, j'ai râpé quelques très fins zestes d'un citron vert (préalablement blanchi) que j'ai déposés sur la farce juste avant de rouler. En plus des zestes, les huiles essentielles du citron vert parfument le contenu des feuilles de riz et constituent un lien supplémentaire avec le vin aux tonalités d'agrumes (terpènes et linalol).

PASTIS

Dans le pastis, qui est le résultat de la macération de plusieurs plantes dont le fenouil et la réglisse, le fenouil a été remplacé par la badiane chinoise, dont les fruits sont beaucoup plus riches en anéthol, la molécule au goût anisé. Donc, les mets dominés par le pastis, comme le vol-au-vent de crevettes au pastis, sont aussi dans la ligne harmonique de ces vins.

LES VINS ROUGES AU PROFIL ANISÉ

Les ingrédients anisés ne se retrouvant pas uniquement dans des mets conçus pour s'unir aux vins blancs, il faut aussi envisager la place du rouge à table. Lorsque les éléments de la recette qui accompagnent les ingrédients anisés (tels que le fenouil, l'anis étoilé, la menthe, le pastis, le panais, l'extrait de réglisse noire, le topinambour et les autre rhizomes) requièrent un vin rouge, dirigez-vous vers les vins de syrah ou de shiraz et des assemblages grenache-syrah-mourvèdre (GSM), habituellement riches en parfums anisés, comme ceux de réglisse, d'anis, de menthe et d'estragon.

EXEMPLE ANISÉ EN MODE VIN ROUGE

Cuisinez un braisé de jarret d'agneau, avec des tomates, du pastis et du fenouil et servez une syrah de la vallée du Rhône ou d'Afrique du Sud. Tous deux expriment la même tonalité anisée trouvée dans ce plat dominé par le pastis et le fenouil, tous deux richement pourvus en anéthol.

Les ingrédients de cette famille au « goût anisé » sont aussi en harmonie parfaite avec un vin rouge aux mêmes tonalités anisées, comme le sont, entre autres, certains crus (voir graphique).

L'EXTRAIT DE RÉGLISSE NOIRE

À la liste des ingrédients au goût anisé qui ont un pouvoir d'attraction moléculaire avec ces vins rouges, il faut ajouter le très anisé extrait de réglisse noire. Ceux qui suivent mes écrits depuis quelques années auront noté que j'utilise l'extrait de réglisse noire dans de nombreuses harmonies avec les vins de

VINS ROUGES
ANISÉS

CABERNET-SHIRAZ (AUSTRALIE)
CABERNET-SYRAH (PROVENCE)
GARNACHA-TEMPRANILLO (ESPAGNE)
GRENACHE-SYRAH-MOURVÈDRE (LANGUEDOC, ROUSSILLON, RHÔNE, AUSTRALIE)

SHIRAZ (AUSTRALIE)
SYRAH (CROZES-HERMITAGE, LANGUEDOC, ITALIE)

syrah, tout comme avec ceux d'assemblage syrah / grenache / mourvèdre (GSM) et de cabernet / syrah.

L'extrait de réglisse noire, ajoutée à une sauce, en fin de cuisson, devient un adoucisseur de tanins de vins rouges par excellence !

L'extrait de réglisse noire doit son pouvoir « assouplissant » à l'un de ses composés chimiques, l'acide glycyrrhizique, qui signe plus fortement que les autres la singularité de sa puissante et persistante saveur. Cette molécule, aidée par les autres composés volatils de la réglisse dont le maltol, un exhausteur de goût largement utilisé dans l'industrie alimentaire (voir chapitre *Chêne et barrique*), propulse les vins dans le temps. Autrement dit, la réglisse donne de la longueur et de la persistance en bouche aux vins dégustés. Même les vins qui sont d'une longueur modérée deviennent comme par magie plus longs en bouche lorsqu'ils sont dégustés avec un plat où l'extrait de réglisse noire est présent.

L'extrait de réglisse noire magnifie qualitativement les « petits vins » rouges et devient littéralement un amplificateur de haute fidélité pour les « grands vins » rouges !

L'extrait de réglisse, plus particulièrement son acide glycyrrhizique – une saponine au pouvoir émulsionnant très stable –, qui est sa principale molécule aromatique, est ajouté au pastis lors de son élaboration afin d'arrondir les angles, de donner de la présence et de prolonger la saveur de l'anéthol. Sans quoi le pastis serait fade, insipide et rêche, comme le sont souvent ceux de mauvaise qualité et bon marché… Ceci confirme le pouvoir d'assouplisseur de tanins et de persistance des saveurs que l'extrait de réglisse apporte aussi aux vins rouges tanniques. Certains plats à dominante anisée, à base d'estragon par exemple, produisent aussi un effet assouplisseur et propulseur sur les vins rouges.

LA RÉGLISSE : UN ÉMULSIONNANT

L'acide glycyrrhizique de la réglisse est une saponine au pouvoir émulsionnant très stable. On trouve la saponine aussi dans les tubercules, les petits pois verts, les épinards, les fèves de soja, le quinoa, les légumineuses, le thé, le maïs, l'ail, le ginseng, la tomate et la châtaigne (cette dernière est particulièrement riche en saponine), ce qui permet aussi d'obtenir des mousses stables avec ces aliments.

L'extrait de réglisse noire est plus complexe que le bois de réglisse et plus riche en acides aminés que ce dernier, ce qui explique sa grande présence en bouche. Le concentré d'extrait de réglisse noire est encore plus complexe, ayant vu ses principes aromatiques multipliés par la réaction de brunissement. On utilise ce concentré d'extrait de réglisse, entre autres pour colorer et aromatiser certaines bières foncées, de types noire, stout et porter, ainsi que pour aromatiser certains cigares.

Enfin, dans sa structure moléculaire, l'extrait de réglisse contient de l'estragole, une molécule au « goût de froid », ce qui lui procure son effet rafraîchissant en bouche. L'estragole est aussi présent dans l'anis étoilé, la cannelle, le clou de girofle, le gingembre, les graines de fenouil, la pomme, le basilic vert, l'estragon, la sauge, la moutarde et le laurier. Tous des ingrédients à envisager en cuisine avec la réglisse, ou en remplacement, question d'augmenter la fraîcheur d'une recette et l'effet catalyseur avec le vin.

LE THÉ VERT EN MODE ANISÉ

Il n'y a pas que le vin qui puisse être servi en mode anisé. Certains thés le sont aussi. Si l'aventure du thé vous intéresse, dégustez un morceau de chocolat parfumé à l'anis étoilé, donc aux notes anisées, en buvant un thé vert au parfum végétal, rappelant le cerfeuil, comme le thé vert japonais Gyokuro Tamahomare. Si votre composition de chocolat noir est passablement riche et onctueuse, optez plutôt pour un thé vert chinois. Ces derniers sont plus riches en acides aminés, donc plus ronds et enveloppants en bouche, à cause de la présence du goût umami.

Un des plus célèbres thés verts de Chine, le Bi Luo Chun, est d'une rarissime complexité. Les feuilles sèches possèdent des tonalités de chocolat brun. Une fois infusées, elles développent des notes légèrement iodées. En bouche, la texture est riche, onctueuse et marquée par des saveurs à la fois végétales (tête de violon) et fruitées (pêche), avec des touches de fruits secs et de chocolat noir.

Vous pourriez faire résonner ce type d'accord en mode aliments anisés, tout aussi bien en préparant un thé à la menthe à base de thé vert Gunpowder chinois.

DE NOUVEAUX CHEMINS DE CRÉATION EN CUISINE

Une fois cette famille d'aliments et de vins au goût anisé bien comprise, laissez aller votre imagination en mariant certains de ces ingrédients afin de créer vos propres recettes en harmonie avec les vins allant de pair avec les anisés. Voici quelques pistes à envisager :

Salade de carottes et pomme au carvi (cumin des prés) et paprika

Millefeuille de gâteau aux carottes au carvi (cumin des prés) et compote de pommes au céleri. Une entrée (plus salée que sucrée) ou un dessert à base de carottes parfumées au carvi, épice en lien direct avec le goût anisé de ce légume racine, et de pommes au céleri, pour la fraîcheur acide et vivifiante de ce fruit et de ce légume vert.

Fromage munster à l'ajowan « façon cumin ». Le fromage munster au cumin est toujours élaboré, souvent à l'insu des cuisiniers, avec du carvi, qui est le cumin des prés d'Europe de l'Est, et non le cumin du Moyen-Orient. L'ajowan étant de la même famille que le carvi, pourquoi ne pas surprendre vos invités avec un munster à l'ajowan ?

Chocolat noir au basilic, au fenouil ou à la menthe. Les composés volatils du basilic, du fenouil et de la menthe, tous trois de la famille des anisés, vont de pair, même lorsque ajoutés à un palet de ganache de chocolat noir, avec ceux des vins de sauvignon blanc de vendanges tardives, comme l'Errazuriz Late Harvest du Chili. Eh oui, il est possible de servir un vin blanc liquoreux avec un chocolat noir, le basilic faisant ici office d'ingrédient de liaison harmonique avec ce type de vin.

Huile d'olive arbéquine d'Espagne et recettes au goût anisé. La première huile de la saison, à base d'arbéquine, au goût de fruits verts et d'herbes, un brin anisée, est idéale pour les salades et pour commencer le repas sur du pain, avec un verre de vin blanc à base de verdejo, de la région de Rueda bien frais et anisé. Arrosez tous les ingrédients anisés de cette huile, le pouvoir d'attraction sur les vins de type « sauvignon blanc » n'en sera que renforcé. Quant aux huiles arbéquines de quelques mois et plus de bouteilles, elles sont meilleures avec les plats sucrés, ayant perdu en partie leur caractère fruit vert/herbe fraîche.

D'AUTRES IDÉES DE PLATS EN MODE ANISÉ

+ Ceviche d'huîtres au wasabi et à la coriandre
+ Escargots aux champignons et à la crème de persil
+ Filet de truite saumonée grillé à l'huile de basilic
+ Moules au jus de persil
+ Pasta au citron, asperges et basilic frais
+ Pâtes au pesto
+ Pâtes au saumon fumé en sauce à l'aneth
+ Pétoncles grillés et anguille fumée à la crème de céleri
+ Pétoncles poêlés au jus de persil simple
+ Poireaux braisés à la menthe
+ Poitrines de poulet farcies au fromage brie et au carvi
+ Risotto de crevettes au basilic
+ Sandwich au fromage de chèvre, concombre, pomme verte, poivron vert et menthe fraîche
+ Truite et purée de céleri-rave
+ Vol-au-vent de crevettes au Pernod

QUELQUES CANAPÉS AUX SAVEURS ANISÉES

+ Bouchées d'escargots à la crème de persil
+ Bouchées de fromage brie saupoudré de carvi
+ Canapés de saumon fumé et à l'aneth
+ Canapés de truite fumée sur purée de céleri-rave
+ Frites de panais, sauce au yogourt et au cumin
+ Minibrochettes de crevettes au basilic
+ Minibrochettes de pétoncles grillés rehaussés de sel de céleri

AUTRES ALIMENTS S'EXPRIMANT PAR DES TONALITÉS ANISÉES

Citronnelle:

La citronnelle (dont les principaux composés volatils dominants sont le citral, le géraniol et le linalol) libère des tonalités se rapprochant de la mélisse et de la verveine. Cela explique l'harmonie entre la soupe thaï à la citronnelle et un jeune et vivifiant riesling, tout comme entre un jeune chardonnay non boisé, un brin anisé et un poisson blanc cuit à la vapeur de verveine séchée (la verveine séchée, contrairement à la mélisse séchée, conserve ses parfums très longtemps. Ceux-ci se libèrent aisément en infusion à chaud). Le muscat sec d'Alsace peut aussi s'y plaire.

Livèche :

Cette plante aromatique a un petit goût anisé rappelant le carvi (le cumin des prés). Elle est aussi riche en thymol et en carvacrol, comme l'huile essentielle du thym (mais aussi de l'ajowan, de la sauge, du basilic, du romarin, de la menthe).

Mélisse et verveine :

En plus de leur profil subtilement anisé, le parfum citronné de la verveine et de la mélisse (à l'odeur plus subtile que la verveine) est signé par le citral, une molécule odorante contenue

dans le zeste du citron jaune, avec quelques autres composés volatils comme le limonène et la citronnelle. C'est le citral qui exprime surtout l'identité aromatique de la mélisse et de la verveine, et ce, même dans l'odeur du zeste de citron qui rappelle plus ces deux dernières que le citron lui-même !

On retrouve aussi le citral dans les vins, surtout ceux de muscat, lorsqu'ils sont jeunes, et de gewürztraminer, étant un intermédiaire métabolique conduisant à l'apparition du linalol, un autre composé volatil aux tonalités florales/agrumes très présent dans les vins de ces deux cépages. Les sauternes et les jurançons liquoreux en sont aussi richement pourvus. La verveine comme la mélisse sont aussi souvent notées dans le complexe aromatique de certains vins blancs de riesling et de chardonnay, ce qui permet d'autres avenues harmoniques avec ces deux herbes.

Shiso :

Le shiso (prononcer shisso), de la famille des menthes (lamiacées), possède un goût anisé et mélissé (entre le fenouil, la menthe, la mélisse et la réglisse), ainsi que de cannelle, avec une saveur légèrement astringente. La variété shiso perilla (aussi appelée basilic japonais) développe en plus un subtil goût de curry. La version shiso pourpre (aussi appelée menthe pourpre) est moins odorante. La version shiso japonica est, elle, très odorante mais aussi très rare, ce qui explique son prix élevé. Le shiso a des propriétés antiseptiques, d'où son utilisation au Japon pour conserver les aliments (le poisson frais). Elle a aussi des propriétés anti-allergiques en diminuant la production d'histamine et d'immunoglobuline E.

TRUC DU SOMMELIER-CUISINIER

Jus de shiso santé Au Japon, en saison, on en fait un jus « santé », avec du shiso, mélangé à du vinaigre et du miel, à la couleur rouge betterave. Il y a ici une piste à suivre en cuisine pour une sauce en mode anisé...

DU VIN JAUNE
AU SAUTERNES...
EN PASSANT
PAR LES NOIX,
LE CURRY,
LE FENUGREC,
LE SIROP D'ÉRABLE,
LE BALSAMIQUE,
LES PRUNEAUX,
LE VDN ET
LES PORTOS BL.
ET TAWNIES,
UN MONDE DE SAVEURS
A EXPLORER
DANS L'UNIVERS
AROMATIQUE
DU SOTOLON.

CAFÉ

CASSONADE

NOIX

SOTOLON

LE CHAÎNON MOLÉCULAIRE ENTRE LE VIN JAUNE, LE CURRY, L'ÉRABLE, LE SAUTERNES, ETC.

> « La recherche est un long processus d'acquisition d'informations. »
>
> RICHARD BÉLIVEAU PH. D.

Je commencerai ce chapitre consacré à la molécule qui fut à la base de mes recherches avec un récit qui illustre parfaitement les chemins qui m'ont conduit à pousser plus loin la compréhension des structures moléculaires des aliments et des vins.

Au cours des heures brumeuses de déchiffrage des composés volatils des vins, j'avais noté que la principale note aromatique (curry et noix) du vin jaune du Jura avait comme origine le 4,5-dimethyl-3-hydroxy-2(5 H)-furanone, mieux connu sous le nom de sotolon. Cette molécule volatile donne le goût si particulier au curry et aux noix, entre autres.

Peu après, je découvrais que cette même molécule aromatique domine dans le fenugrec, plus particulièrement dans les graines de fenugrec grillées, qui entre dans la composition de certains currys et qui donne l'une des plus importantes tonalités aromatiques à notre sirop d'érable !

CARAMEL/ÉRABLE = SOTOLON

Avec son puissant arôme caramélisé de graines de fenugrec grillées, le sotolon a longtemps été utilisé pour imiter l'odeur de caramel et d'érable. De nos jours, le sotolon est même disponible en version chimique pour la reproduire.

Je découvrais également que le sotolon participe à l'arôme des graines de lin (surtout l'huile) et d'autres vins de voile, comme certains xérès.

Le sotolon se retrouvait aussi dans les vins doux naturels rouges et blancs (élevés en milieu oxydatif), le saké, la sauce soya, les bières de haute fermentation (brunes et noires), le bouillon de bœuf, dans certains champignons séchés (lactaires), dans l'odeur des grands havanes (feuilles infusées), dans la livèche, la mélasse, les thés noirs fumés et vieillis (wulong et pu-erh), le vieux rhum et le sirop d'érable, ainsi que dans les vieux vins blancs liquoreux de pourriture noble – le *botrytis cinerea* ne serait pas en cause, mais plutôt les raisins en état de surmaturité –, plus particulièrement les vins liquoreux d'appellation Sauternes et Tokaji Aszù.

TRUC DU SOMMELIER-CUISINIER

Sauternes assagi et Tatin de pommes au curry surmontée d'une escalope de foie gras de canard poêlée Mes découvertes scientifiques expliquent cet accord que j'ai fait de façon empirique en 2002 au gala de clôture de l'événement caritatif Montréal Passion Vin (www.montrealpassionvin.ca). J'avais à ce moment fait l'harmonie entre le sauternes mature Château Rieussec 1979 et la Tatin de pommes au curry surmontée (juste avant le service) d'une escalope de foie gras de canard poêlée, servie en guise de dessert (!). J'avais imaginé ce plat de toutes pièces pour et par ce vin. Les arômes de noix et de curry, ainsi que de pomme confite et de caramel de ce sauternes m'avaient mis sur cette piste harmonique dans l'univers aromatique du sotolon.

TATIN DE POMMES AU CURRY SURMONTÉE
D'UNE ESCALOPE DE FOIE GRAS DE CANARD POÊLÉE

Une fois défini le type de produits où le sotolon apparaissait, il fut aisé de conclure qu'il signe aussi les arômes du porto tawny, longuement élevé sous bois, donc en contact avec l'oxygène, tout comme le profil aromatique de certains portos blancs âgés et madères. Les madères subissent, au cours de leur lente élaboration, un chauffage propice au développement de molécules aromatiques de type sotolon. En effet, le chauffage au-delà de 37°C met en action d'importantes transformations chimiques pouvant produire des parfums de la famille du sotolon.

UN REGARD DANS LE RÉTROVISEUR...

Plus récemment, en 2005, mes lectures sur l'histoire du vin m'ont rappelé que dans la Rome antique, les vins les plus appréciés étaient les blancs liquoreux longuement vieillis, qui avaient pris un goût de rancio (marqués par le sotolon...).

Ces vins étant rares et dispendieux à cette époque, on se mit à ajouter aux blancs liquoreux des épices, dont le fenugrec, et de l'eau de mer, afin d'obtenir ce goût de « vieux » recherché chez les vins oxydatifs.

Après maints essais infructueux avec des vins blancs liquoreux, j'ai tenté d'effectuer un retour dans le temps, pour mieux entrevoir le futur, en composant en atelier une cuvée inspirée par les Romains, donc par le sotolon. Pour ce faire, je devais trouver la dose exacte de graines de fenugrec grillées à ajouter. Un jeune vin blanc sec, vif, dense et capable de résister à une légère oxydation s'est révélé un choix plus judicieux pour cette création.

Le vin parfait pour cet exercice a été la Cuvée Marie 2004 Jurançon Sec, Charles Hours, France. Avec le temps de macération requis (plus ou moins 3 jours), il a su acquérir un profil aromatique de vin assagi, dans la sphère aromatique du sotolon (curry, noix, sirop d'érable, fenugrec), tout en conservant sa fougue de jeunesse! Un vibrant essai harmonique.

DU SOLOTON À « LA ROUTE DES ÉPICES »

À la demande de la chef « alchimiste » des épices, Racha Bassoul, du défunt restaurant montréalais Anise, j'ai eu le grand privilège d'être l'inspirateur d'un menu, sous le thème de *La route des épices* (présenté du 22 février au 3 mars 2007), donc de sélectionner les vins et de la guider vers le choix des épices et la construction des plats, toujours « pour et par » les vins servis.

Je vous explique les chemins ayant conduit à l'une des créations, autour du sotolon et de l'érable, servie au deuxième acte de ce repas :

Cuvée Sotolon – Inspirée par les Romains et signée François Chartier

À base d'un jeune jurançon sec, dans lequel ont été préalablement macérées des graines de fenugrec grillées, afin de lui donner un profil plus évolué et épicé, à l'image des vins de la Rome antique.

et

Trois Princess et trois *espumas*

Pétoncles Princess et leur corail, espuma en trois versions (saké et eau de mer; fenugrec grillé macéré au vin; sirop d'érable), accompagnés de cressonnette de shiso rouge.

Du « sur mesure » pour atteindre l'accord parfait avec un plat composé à partir d'éléments partageant de nombreux composés volatils, tous de la famille du sotolon. Il y avait l'iode des pétoncles, le saké, l'érable, les graines de fenugrec grillées et l'eau de mer des *espumas* (mousses aériennes, à la façon des écumes, obtenues dans un siphon, sans aucun support de gras).

Tout, dans ce plat et dans ce vin, m'a été inspiré par le puissant parfum des graines de fenugrec grillées, dominé par le soloton et à la tête de la signature aromatique du sirop d'érable.

L'harmonie de la Cuvée Sotolon et des trois pétoncles « Princess » résulte donc de plusieurs années de recherche effectuées sur les ingrédients de liaison et sur les composés volatils.

Comme l'a si bien dit le Dr Richard Béliveau, cité en introduction de ce chapitre « La recherche est un long processus d'acquisition d'informations »...

1. ALIMENTS COMPLÉMENTAIRES
SOTOLON

BARBE À PAPA,
BOUILLON DE BŒUF
CAFÉ
CASSONADE
CÉLERI CUIT
CHAMPIGNONS SÉCHÉS (LACTAIRES)
CURRY
DATTE
FIGUE SÉCHÉE
GRAINES DE FENUGREC GRILLÉES
HAVANE (FEUILLES INFUSÉES)
LIVÈCHE

MADÈRE
MÉLASSE
NOIX GRILLÉES
PORTO TAWNY
POUDRE DE MALT
PRUNEAU
SAUCE SOYA
SEL DE CÉLERI
SIROP D'ÉRABLE
THÉS NOIRS FUMÉS ET VIEILLIS (LAPSANG ET PU-ERH)
VINAIGRE BALSAMIQUE RÉDUIT

2. VINS ET BOISSONS COMPLÉMENTAIRES
SOTOLON

BIÈRE DE HAUTE FERMENTATION (BRUNE ET NOIRE)
MADÈRE (BUAL ET MALMSEY)
MONTILLA-MORILES (AMONTILLADO ET OLOROSO)
PORTO (BLANC ÂGÉ ET TAWNY)
SAKÉ
SAUTERNES (ÂGÉ PLUS DE 10 ANS)
TOKAJI ASZÙ (ÂGÉ PLUS DE 10 ANS)
VIEUX CHAMPAGNE

VIEUX RHUM BRUN
VIN BLANC OXYDATIF
VIN BLANC ÂGÉ
VIN JAUNE
VIN SANTO
VIN DOUX NATUREL (ROUGE ET BLANC ÉLEVÉ EN MILIEU OXYDATIF)
XÉRÈS (AMONTILLADO ET OLOROSO)

DE NOUVEAUX CHEMINS DE CRÉATION EN CUISINE

Maintenant que vous comprenez les chemins qui m'ont mis sur la piste du chaînon moléculaire qui lie tous ces ingrédients, vins et boissons, que faire? Eh bien, comme je l'ai fait pour le repas *La route des épices*, il suffit d'établir des liens aromatiques entre des plats dominés par l'un de ces ingrédients avec des vins ou des boissons qui le sont tout autant. En voici quelques exemples :

Recette dominée par le curry : en harmonie avec un vin jaune ou un sauternes âgé.

Mets sucré au sirop d'érable : en harmonie avec un tokaji aszù âgé, un vin santo (moelleux), un saké Nigori, un xérès oloroso ou un montilla-moriles pedro ximénez solera.

Mets salé à base de sirop d'érable : en harmonie avec un vin santo (le moins sucré possible), un saké, un vieux rhum ou un xérès oloroso – si le foie gras est au cœur du plat à l'érable, optez alors pour un vieux sauternes.

Saumon laqué au soya/balsamique : avec un montilla-moriles amontillado ou une manzanilla pasada.

À vous de jouer et d'oser en cuisine! Il suffit d'utiliser le « chaînon moléculaire » qu'est le sotolon comme liant naturel entre ces boissons et ces ingrédients divers. La porte est grande ouverte à la création de nouvelles recettes avec plusieurs ingrédients riches en composés volatils de la famille du sotolon, tout comme avec les vins et les boissons aux tonalités aromatiques jouant dans la même sphère moléculaire.

QUELQUES IDÉES DE RECETTES AUTOUR DU SOTOLON :

+ Ananas caramélisé et réduction de soya/saké/cassonade, éclats de chocolat noir et poudre de réglisse
+ Barbe à papa au sirop d'érable aromatisé aux graines de fenugrec grillées
+ Bœuf fumé et laqué soya/saké/cassonade
+ Bœuf grillé et réduction soya/érable
+ Maïs soufflé au caramel à saveur de graines de fenugrec grillées
+ Tatin de pommes au curry surmontée (juste avant le service) d'une escalope de foie gras de canard poêlée

L'APPARITION DES ARÔMES LIÉS AU SOTOLON DANS LES VINS

Le sotolon est présent surtout dans le goût des vins de voile (xérès fino et vin jaune du Jura) et des vins ayant subi un long vieillissement oxydatif. L'oxygène est d'ailleurs l'élément qui aurait le plus grand impact sur le développement des molécules aromatiques de la famille du sotolon. Ses composés volatils sont donc présents, à différents degrés, dans les vins riches en aldéhydes, comme les vins jaunes, les vins de paille, les xérès et les vieux VDN à base de grenache noir et blanc. Ils sont aussi présents dans les liquoreux de type sauternes dont la vendange a été atteinte par la pourriture noble (*botrytis cinerea*), ce qui inclut le tokaji aszù (spécialement les vieux qui étaient plus oxydatifs ou les plus récents mais ayant plus de 10 ans d'âge, comme les 1996 actuellement très marqués par ce profil), les vieux portos de type tawny, les portos blancs âgés, les vieux madères de type bual et malmsey, ainsi que certains champagnes âgés conservés sur lies.

VIEUX VINS BLANCS SECS ET SOTOLON

Il a été démontré qu'un vin sec (moins de 5 g par litre de sucre résiduel) conservé dans des conditions d'oxydation poussées, présente aussi une forte teneur en sotolon. L'exemple suprême est le vin jaune du Jura. En fait, tout vin blanc conservé en présence plus ou moins forte d'oxygène développera des composés volatils de cette famille.

L'IMPACT AROMATIQUE DU « CYCLOTÈNE »

Les graines de fenugrec grillées possèdent des molécules de la famille du « cyclotène », que l'on trouve dans les végétaux, ainsi que dans le sirop d'érable.

Le cyclotène, à la puissante odeur rappelant le sirop d'érable, et dans une moindre mesure, la réglisse, ressemble aussi, aromatiquement parlant, au furanone (encore plus puissant que le sotolon, à l'odeur caramélisée d'érable et dominant dans la sauce soya) et au maltol (sucre brûlé).

Donc, tous les produits grillés ou rôtis contenant du sucre (amande grillée, cacao, café, racine de chicorée rôtie, sirop d'érable) sont pourvus en arôme jouant dans la sphère du cyclotène – comme du sotolon.

Le cyclotène serait aussi responsable du goût minéral de pierre à fusil, qui s'apparente au silex, que l'on trouve dans certains vins blancs. Un vin jaune très minéral (odeur de pierre à fusil), doté d'un goût de « jaune » prononcé, signé par le sotolon et qui se traduit par des notes de curry, de fenugrec et de noix, sera donc en parfaite harmonie avec un plat de poisson iodé, parfumé au fenugrec ou à l'érable (ou au soya, au saké, au lin, etc.).

TRUCS DU CUISINIER-SOMMELIER

Manzanilla au fenugrec Pourquoi ne pas ajouter des graines de fenugrec grillées à un jeune xérès manzanilla, très iodé, afin d'obtenir un vin iodé et évolué, comme ceux de l'époque romaine, mais ample et plein de vigueur comme la manzanilla pasada ?

elBulli : transformation de l'Huître meringué Pourquoi ne pas s'amuser aussi à transformer l'emblématique « Huître meringuée » du restaurant elBulli – plat signé en 1995, qui n'est ni plus ni moins qu'une écume d'eau de mer déposée sur une huître –, en y ajoutant une saveur de graines de fenugrec grillées, pour ainsi marier ce plat à une manzanilla pasada, comme la grandissime cuvée La Bota de Manzanilla Pasada 10 ?

Recette de l'huître meringuée elBulli « transformée » Cette huître meringuée est servie dans une cuillère chinoise en porcelaine, garnie d'une fine julienne de poitrine de porc fumée et d'échalotes, nappée d'une écume d'eau de mer obtenue notamment en récupérant l'eau lâchée lors de l'ouverture des huîtres et en la mélangeant à de la gélatine. Le tout repose douze heures dans un siphon. Au moment de servir, un léger panache de mousse aérienne provenant du siphon est déposé sur l'huître (voir recette dans le livre *elBulli 1994-1997 « Période marquant l'avenir de notre cuisine »*). Il suffit d'y ajouter une deuxième écume, cette fois-ci à saveur de graines de fenugrec grillées.

LES VINS DOUX NATURELS (VDN) ROUGES ET BLANCS, ÉLEVÉS EN MILIEU OXYDATIF

Enfin, les VDN français rouges et blancs, à base de grenache noir, gris ou blanc (et dans une moindre mesure, de maccabeu et tourbat), donc non muscatés, des appellations Banyuls, Maury et Rivesaltes, élevés en milieu oxydatif avant leur mise en marché – longuement conservés sous bois et, s'il y a lieu, sous verre et à l'extérieur –, développent, au cours de cette lente et longue maturation en contact avec l'oxygène, des composés volatils de la famille du sotolon.

RANCIO = SOTOLON

Le sotolon est responsable du fameux rancio, souvent associé à l'arôme de noix rance, caractéristique des vieux vins doux naturels. Plus le caractère rancio est noté lors de la dégustation des vieux VDN, plus la teneur en sotolon est importante.

Les concentrations en sotolon sont beaucoup plus importantes dans les VDN élevés en présence d'oxygène que dans ceux élevés en absence d'oxygène (type vintage ou rimage). Un VDN rouge de type vintage et de 15 ans d'âge, conservé sans oxydation, donc rapidement mis en bouteilles, possède une teneur en sotolon très faible, comparativement à un VDN du même âge, mais conservé en milieu « moyennement » oxydatif (en partie sous bois).

Le VDN rancio d'uniquement 7 ans d'âge et conservé en milieu fortement oxydatif (sous bois et, s'il y a lieu, sous verre et à l'extérieur) présente une concentration en sotolon de beaucoup supérieure aux deux précédents types de VDN. L'oxygène est fondamental dans son développement. La concentration du sotolon augmente aussi en quantité importante chez les VDN blancs élevés en présence d'oxygène. D'ailleurs, ce sont les VDN blancs élevés en milieu oxydatif qui présentent les plus fortes teneurs en sotolon. À âge identique, le VDN rancio blanc possède deux fois plus de sotolon que le rancio rouge.

FIGUE SÉCHÉE ET VDN

Plus les vieux VDN sont marqués par un arôme de figue séchée (voir chapitre *Fino et oloroso*), plus ils sont riches en sotolon. Il faut donc marier les vieux VDN non muscatés élevés en milieu oxydatif avec des mets dominés par la figue séchée, le pruneau, l'amande grillée, le miel, la cannelle, les fruits secs, la vanille, ainsi que tous les ingrédients et les boissons marqués par la présence du sotolon.

LACTONES

SOLERONE

FIGUE
SÉCHÉE

LINALOL
ET AUTRES
TERPÈNES

FINO ET OLOROSO

UN VOILE D'ARÔMES AVEC LES VINS DE XÉRÈS

« L'affirmation du goût individuel est une quête de liberté. »

JACQUES PUISAIS, ŒNOLOGUE, VICE-PRÉSIDENT FONDATEUR DE L'INSTITUT DU GOÛT,
VICE-PRÉSIDENT D'HONNEUR DE L'ASSOCIATION INTERNATIONALE DES ŒNOLOGUES ET AUTEUR

La chaude et envoûtante Andalousie, située aux confins méridionaux de l'Espagne, abrite deux zones d'appellation qui engendrent des vins aux personnalités plurielles. L'une d'entre elles est l'appellation Jerez, mondialement connue, dont les vins sont aussi appelés xérès ou sherry et qui se trouve dans la région de Cadix; l'autre est l'appellation Montilla-Moriles qui, elle, se situe au sud de Cordoba, à plus d'une centaine de kilomètres à l'est de Jerez.

Toutes deux produisent des vins à la concentration en alcool variant de 15 à 20 %, élevés, entre autres, selon un ingénieux système de maturation en fûts appelé solera. Ce système consiste en un savant assemblage de jeunes vins et de vins beaucoup plus âgés, ce qui permet d'obtenir des vins aux caractères des plus variés et des plus intéressants.

UNE QUESTION DE STYLE

Certains vins, en l'occurrence le fino et la manzanilla – une spécialité provenant de Sanlúcar de Barrameda dans la zone ouest de Jerez –, qui une fois leur période de fermentation terminée et n'ayant été que très légèrement fortifiés (à 15 %), voient remonter à leur surface, pendant leur maturation en fûts, les levures qui étaient présentes naturellement sur les raisins et dans les fûts. Celles-ci forment alors un voile (*flore*).

Ce voile de levures, qui se nourrit du vin tout en le protégeant de l'oxydation, confère au fino et à la manzanilla leurs saveurs si particulières d'amande et de noix et conserve leurs arômes primeurs, dont ceux de la pomme verte et de l'olive, ainsi qu'une petite note saline pour la manzanilla.

Ces vins, généralement secs, même si certains peuvent être très doux comme le pedro ximénez (PX) et quelquefois l'oloroso, sont classés dans différentes catégories. Ils vont des plus jeunes, pâles et frais finos et manzanillas, élevés à l'abri de l'oxygène, aux plus âgés, colorés et complexes amontillados, palo cortados et olorosos, dont la maturation se fait au contact quasi permanent de l'oxygène.

Il existe aussi quelques petites variantes de style comme le *cream*, un oloroso très sucré, et la manzanilla *pasada*, un amontillado provenant de Sanlúcar de Barrameda, sans oublier le PX, un cépage qui donne, parmi les xérès, un vin hyper sucré et concentré.

À noter qu'à Montilla-Moriles, tous les vins sont à base de pedro ximénez, même les vins secs comme les finos et les amontillados. Les vins de Xérès sont quant à eux à base de palomino, excepté bien sûr les xérès qui portent sur l'étiquette la mention pedro ximénez ou PX.

UN IMMENSE POTENTIEL AROMATIQUE

Plus ou moins 307 composés volatils ont été identifiés à ce jour dans les différents types de xérès et de montilla-moriles. Notons que notre capacité olfactive individuelle ne nous permet de déceler qu'une certaine proportion de composés volatils, principalement ceux qui ont un pouvoir olfactif élevé.

Plusieurs de ces composés sont aussi présents dans les autres catégories de vins de la planète vinicole (vins blancs secs et liquoreux, vins rouges, vins rosés , mousseux), ainsi que dans de multiples aliments. Ce sont, entre autres, des acétals, des acides, des alcools, des amides, des bases, des carbonyles, des composés soufrés, des coumarines, des dioxolanes et des dioxanes – ces deux derniers composés sont des acétals –, des esters, des furanes, des lactones et des phénols.

LA FORMATION DES COMPOSÉS AROMATIQUES

La formation des composés aromatiques du xérès s'effectue à plusieurs stades de son élaboration. Ils sont engendrés tant par l'encépagement, que par les conditions de culture (terroir, climat, etc.), la fermentation, la lente maturation, qui s'effectue sous un voile de levures (plus particulièrement pour le fino), ou dans un milieu plus oxydatif (pour l'oloroso et, en partie, l'amontillado). Ils proviennent également de l'ajout d'alcool et de l'impact des composés volatils du chêne dissous dans le xérès lors de l'élevage en fûts.

La dégradation (glycolyse) des sucres, dans le temps, des vins moelleux et liquoreux, tout comme des vins fortifiés, tel le xérès, engendre aussi de nouveaux composés aromatiques.

FINO ET MANZANILLA : LA FRAÎCHEUR ANDALOUSE

Le xérès de type fino est élaboré à partir des vins de base de palomino, les plus pâles et les plus légers, titrant à l'origine entre 11 et 12 % d'alcool. Le jus de presse est rarement utilisé pour le fino. Une fois la fermentation achevée, il est fortifié à 15,5 % d'alcool avec une eau-de-vie neutre qui n'apporte pas de nouveaux arômes au vin, mais qui a un impact sur le développement des composés volatils.

IMPACT DE L'AJOUT D'ALCOOL SUR LES ARÔMES

Comme lors du mutage des portos, l'ajout d'alcool dans le xérès, entre 15 et 20 %, a un impact sur le comportement des composés aromatiques de ce dernier, inhibant certains arômes. En retour, l'augmentation de la teneur en alcool du xérès, après fermentation et avant l'élevage en *solera*, permet une meilleure extraction des composés aromatiques (phénols) contenus dans le chêne, spécialement pour l'oloroso.

Le fino est conservé en fûts dans la partie la plus froide de la cave, afin d'aider le développement du voile de levures, ou flore, qui préfère la fraîcheur à la chaleur, d'où son activité plus importante entre février et juin. En plus de favoriser la vitesse de croissance des levures, la température affecte leur métabolisme, la quantité et la nature des métabolites et les transformations chimiques effectuées par les enzymes des levures qui affecteront au final les arômes du fino. Une différence de quelques degrés est suffisante pour entraîner des variations organoleptiques des aliments et des vins.

Les fûts, qui ne sont remplis qu'à 80 % de leur capacité afin d'aider aussi à l'apparition de la flore, sont superposés dans un ingénieux système d'assemblage du nom de *solera*.

L'action des microorganismes du voile de levures consume l'oxygène et protège ainsi le vin contre l'oxydation et le brunissement de ses composés phénoliques. C'est de là que proviennent la fraîcheur aromatique du fino et sa couleur jaune très pâle.

L'oloroso, pour sa part, n'est pas protégé par un voile de levures. L'oxydation de ses composés phénoliques lui procure une couleur foncée et un nez aux parfums plus évolués et grillés.

Pendant la maturation du fino sous voile de levures, il y a une augmentation de différents acides gras et acides aromatiques, ainsi que des terpènes et des carbonyles. Plus de 36 nouveaux composés aromatiques résultent de l'élevage sous voile, dont 14 acétals, 2 acides, 3 alcools, 4 carbonyles (aldéhydes et cétones) – les cétones, typiquement très volatils, sont donc théoriquement les premiers à parvenir aux centres olfactifs et devraient être sentis surtout au premier nez –, 4 esters, 1 lactame, 4 lactones (parmi les composés volatils les plus singuliers signant le style du fino) et 4 composés d'azote.

Les principaux esters du fino, l'acétate d'éthyle et le lactate d'éthyle, augmentent dès le départ de la maturation sous voile, pour voir leur concentration diminuer en fin d'élevage.

L'ACTION MÉTABOLIQUE DU VOILE DE LEVURES

Les levures de ce voile unique à cette région provoquent de nombreux changements biochimiques et déterminent le caractère final du vin. Il y a réduction d'alcool (de l'ordre de 1,6 %), de glycérol et d'acidité volatile (une importante réduction pour ces deux derniers) – tous trois utilisés comme sources de carbone par les levures pour le développement du voile, expliquant ainsi leur réduction.

Il y a aussi une importante augmentation d'acétaldéhydes (odeur de pomme verte), spécialement au début de la maturation sous voile de levures. Les acétaldéhydes, avec les lactones, signent de façon importante le profil aromatique du fino, lui conférant des tonalités pomme verte/noix.

Les acétaldéhydes sont aussi des précurseurs de nombreux autres composés volatils, comme l'acétoïne et le 1,1-diethoxyethane – ce dernier est aussi présent dans l'abricot et certaines variétés de cerises –, tout en entrant en réaction avec certains composés phénoliques et certains alcools, générant de nouveaux composés aromatiques, dont certains participent aussi grandement à la typicité du fino.

Contribue aussi à la singularité aromatique du fino l'autolyse des cellules des levures mortes, c'est-à-dire la rupture spontanée des membranes des cellules des levures qui relâchent leur contenu, venant ainsi nourrir les lies des vins de voile.

MANZANILLA

La manzanilla est une variation régionale du fino, élaborée à partir de raisins cultivés sur les côtes méditerranéennes du village de Sanlúcar de Barrameda. Il en résulte généralement un fino plus léger que celui qui porte l'appellation Xérès, aux tonalités amères et iodées plus marquées. Le climat plus frais et l'humidité seraient surtout en cause dans la différence de style entre la manzanilla et le fino – même si la proximité de la mer est souvent invoquée pour expliquer le caractère iodé de la manzanilla. Quant à la manzanilla *pasada*, c'est un xérès de type amontillado provenant du même village.

LES MOLÉCULES GOURMANDES DU FINO

Les composés volatils dominants dans le fino et la manzanilla nous conduisent vers d'inspirantes pistes harmoniques pour la cuisine. On y déniche avant tout des acétaldéhydes (présents aussi dans noix/pomme verte/jambon ibérique), l'acétoïne (saveurs grasses, crémeuses et beurrées; beurre/yogourt), des lactones (abricot/pêche/noix de coco), le diacétyle (beurre/fromage), le solerone (figue séchée) et des terpènes (agrumes/fleurs).

L'acétoïne, à la saveur grasse, crémeuse et beurrée – rappelant le beurre et le yogourt –, l'un des importants composés

volatils du fino et de la manzanilla, participe aussi fortement à donner l'identité aromatique à d'autres aliments. On la retrouve dans les pommes fraîches ou cuites, les poireaux frais ou cuits, l'asperge, le brocoli, le chou de Bruxelles, les grains de café torréfiés, la fraise, le coing, le cantaloup, le sirop de maïs, les thés fermentés, sans oublier bien sûr le beurre, le fromage, le lait et le yogourt, qui en sont tous trois richement pourvus.

Ce sont tous des ingrédients d'une grande compatibilité moléculaire que l'on peut combiner pour réaliser des recettes harmonieuses et pour magnifier leur rencontre avec le xérès fino et la manzanilla.

Deux autres composés volatils signent aussi fortement la singularité aromatique de ce type de vin. Il y a d'abord les lactones. Plus précisément les *sherry lactones*, aussi présents dans l'abricot, la noix de coco, la pêche, le porc, dont le jambon ibérique, et la vanille. Fait intéressant, l'un de ces *sherry lactones*, du nom de solerone, proche parente du sotolon (voir ce chapitre), signe aussi le profil aromatique de la figue séchée, tout comme de la datte et du thé noir fumé Lapsang Souchong.

La rencontre « figue séchée et fino » illustre à elle seule le fondement de ces travaux de recherches sur les molécules aromatiques des ingrédients et des vins afin de mieux cerner les possibilités d'harmonies vins et mets.

FIGUES SÉCHÉES ET FINO; UNE RÉVÉLATION!

J'étais convaincu depuis longtemps que les xérès de type amontillado et oroloso étaient les meilleurs compagnons pour les figues. Ils sont déjà richement pourvus en tonalités aromatiques jouant dans la sphère des fruits séchés. De plus, leur couleur ambrée et brunâtre rappelle celle de la figue séchée.

Mais le fino, aux notes aromatiques très fraîches et à la couleur jaune pâle, est, à ma grande surprise (!), LE compagnon sur mesure pour la figue séchée. Il détrône littéralement l'amontillado et l'oloroso. Et ce, malgré sa sécheresse plus imposante en bouche, étant moins pourvu en glycérol que l'amontillado et surtout que l'oloroso.

L'harmonie ici est plus que jamais « moléculaire », grâce à la complémentarité en bouche (le vin allège le sucre de la figue) et, surtout, à la rencontre des molécules de solerone que partagent le fino et la figue séchée, prouvant le bien-fondé

ASSIETTE DE JAMBON IBÉRIQUE
AUX FIGUES SÉCHÉES

d'explorer les avenues de cette thèse d'harmonies et de sommellerie moléculaires.

En fait, la figue séchée et le fino partagent plusieurs composés volatils (aldéhydes, phénols, lactones), dont le solerone qui s'adonne à être l'une de leurs plus importantes signatures aromatiques. Tout se joue avec ce composé volatil, typique des vins élevés sous un voile de levures. Le solerone (proche parent du sotolon), fait partie de la famille des lactones, dont le fino est plus richement pourvu que les deux autres types de xérès (amontillado et oloroso) qui, eux, ne sont pas élevés sous ce voile de levures ou le sont peu. Donc, le solerone, qui est la clé de l'arôme de la figue séchée, trouve une serrure amicale chez le xérès fino !

Il y a aussi les très floraux terpènes, à odeur de lavande et de muguet, qui se retrouvent dans une myriade d'aliments devenant des ingrédients complémentaires : basilic doux européen, bergamote, bois de rose, cannelle Ceylan, coriandre, figue fraîche, gingembre, menthe, muscade, olive, raisin, riz, romarin, safran et zeste d'agrumes.

Cela complète une très large arborescence d'aliments au grand pouvoir d'attraction, idéal pour s'amuser en cuisine, tout comme à table avec le fino et la manzanilla. Choisissez quelques ingrédients de ces listes (voir graphiques) et créez vous-même de nouvelles idées de recettes, comme je l'ai fait :

+ Assiette de jambon ibérique (ou de prosciutto) aux figues séchées (au lieu du traditionnel melon cantaloup)
+ Brochettes de figues séchées enroulées de jambon ibérique (ou de prosciutto)
+ Fromage de chèvre mi-affiné et romarin macéré au cœur
+ Froid/chaud de poireaux et pommes fraîches et cuites, parfumé à la coriandre fraîche
+ Pétoncles grillés et couscous de noix du Brésil et de brindilles de noix de coco grillée, sauce yogourt, gingembre et agrumes

TRUC DU SOMMELIER-CUISINIER

Fromage au romarin et fino Le fino et la manzanilla sont aussi riches en notes florales terpéniques (provenant de différentes molécules aromatiques comme les linalol, nerolidol et farnésol), ce qui fait d'eux de bons compagnons du romarin, surtout qu'ils possèdent la puissance aromatique et une présence de bouche à la hauteur de l'expressivité du romarin. Il faut donc unir le fino et la manzanilla, par exemple, à une salade de fromage de chèvre sec mariné dans l'huile d'olive parfumée au romarin.

À TABLE AVEC LE FINO ET LA MANZANILLA

Même s'ils ont presque toujours été servis en apéritif, le xérès fino et le xérès manzanilla méritent une place de choix à table. J'irais même jusqu'à dire qu'ils sont à ranger parmi les vins les plus polyvalents en matière d'harmonisation avec les mets.

Vous êtes sceptique ? Vous pensez qu'il est impossible qu'un seul vin soit capable de soutenir avec panache les saveurs salines et iodées des huîtres, des crustacés et du caviar ainsi que les complexes saveurs des sushis et de leurs condiments (sauce soya, gingembre mariné, daïkon et wakamé) tout en accompagnant sans faiblir les asperges vertes, les olives, les artichauts, les poissons fumés et les fromages de chèvre affinés ?

Cette perle rare vous semble plutôt difficile à dénicher ? Eh bien, le roi des accordeurs à table existe bel et bien et c'est le fino. Avec ses 307 composés volatils identifiés à ce jour, tout comme sa reine voisine, la manzanilla, le fino offre une très vaste palette d'arômes pour compléter une foule d'ingrédients.

CRÉATION SIGNÉE EL CELLER DE CAN ROCA ET INSPIRÉE PAR « CHARTIER »

Mes différents séjours en Espagne ont trouvé écho tant auprès des sommeliers en sommellerie moléculaire, qu'auprès des chefs, en harmonies moléculaires, pour la création de recettes à partir de mes recherches sur la structure aromatique des aliments. Je tenais à partager l'une des belles créations réalisées par une grande table catalane.

Le grand sommelier Josep Roca, copropriétaire du restaurant El Celler de Can Roca (www.cellercanroca.com), deux étoiles Michelin, 5e meilleur restaurant au monde dans la très

convoitée liste 2009 du *Top 50* du *Restaurant Magazine*, et sommité européenne en matière d'harmonie vins et mets, a assisté à l'atelier que j'ai présenté chez elBulli en septembre 2008. Il s'est inspiré de mes travaux et, avec ses frères, les chefs Joan et Jordi Roca, il a créé un plat « hommage »...

Donc, figure désormais dans le cahier des créations de ce célèbre restaurant de Girone l'élément *Homenaje a François Chartier/Cigala en tempura de almendras tiernas, compota de manzana, curry u hongos* (Hommage à François Chartier/Langoustines en tempura d'amandes grillées, compote de pommes au curry, champignons).

Ce plat émane des résultats obtenus lors de mes recherches et essais sur les composés aromatiques du xérès fino, emblème vinicole espagnol s'il en est un (!), et les aliments de même famille aromatique présentés dans ce chapitre. Acétaldéhydes et solerone, sotolon, ainsi que les acétoïnes, terpènes et lactones sont au cœur des molécules aromatiques de cette création harmonique des frères Roca.

L'OLOROSO LA DOUCEUR CARESSANTE DU XÉRÈS

Le xérès de type oloroso est élaboré avec les vins de base les plus colorés, plus riches en composés phénoliques que le fino (plus du double que ce dernier) et aussi plus marqués par la présence d'acidité volatile (aussi presque le double du fino).

Ici, pas d'élevage avec voile de levures, le vin de base étant fortifié à hauteur de 18,5 à 20 % d'alcool. L'alcool inhibe en effet le développement des levures qui colonisent habituellement le voile.

Les fûts de l'oloroso sont remplis à 95 % de leur capacité, contrairement à 80 % pour le fino, et sont placés dans la partie la plus chaude de la cave – quelquefois même à l'extérieur, au soleil et à la chaleur andalouse – afin de provoquer l'oxydation de ses composés phénoliques. Il en résulte une couleur brun foncé, des arômes plus grillés et plus évolués que le fino, et un corps plus dense, plein et enveloppant, étant richement pourvu, entre autres, en glycérol. Le fino, lui, perd complètement son glycérol à cause du voile de levures. Cela explique en partie son profil très sec, plus compact et légèrement amer.

L'alcool, plus généreux dans l'oloroso (18,5 à 20 %), participe aussi à l'extraction des composés phénoliques du bois (les phénols étant solubles dans l'alcool), pour obtenir,

1. COMPOSÉS VOLATILS ET ARÔMES
XÉRÈS FINO ET MANZANILLA

XÉRÈS FINO MANZANILLA

- LINALOL ET AUTRES TERPÈNES
  - AGRUMES
  - FLEURS
  - PIN
- ACÉTOÏNE
  - BEURRE
  - YOGOURT
- ACÉTALDÉHYDES
  - ANIS VERT
  - FENOUIL FRAIS
  - CERFEUIL
- SOLERONE
  - FIGUE SÉCHÉE
- DIACÉTYLE
  - BEURRE
- LACTONES
  - ABRICOT
  - PÊCHE
  - NOIX DE COCO

2. ALIMENTS COMPLÉMENTAIRES
XÉRÈS FINO ET MANZANILLA

ABRICOT
AGRUMES
ASPERGE
BASILIC DOUX EUROPÉEN
BERGAMOTE
BEURRE
BOIS DE ROSE
BROCOLI
CANNELLE CEYLAN
CANTALOUP
CHAMPIGNON DE PARIS
CHOU DE BRUXELLES
COING

CORIANDRE
DATTE
EAU DE ROSE
FIGUE FRAÎCHE ET
FIGUE SÉCHÉE
FRAISE
FROMAGE
GINGEMBRE
GRAINS DE
CAFÉ TORRÉFIÉS
JAMBON IBÉRIQUE
LAIT
LAVANDE

MENTHE
MUSCADE
NOIX
NOIX DE COCO
OLIVE
PÊCHE
POIREAU FRAIS ET CUIT
POMME VERTE
POMME FRAÎCHE ET
CUITE
PORC
RAISIN
RIZ

ROMARIN
SAFRAN
SIROP DE MAÏS
THÉ NOIR FUMÉ (LAPSANG
SOUCHONG ET CERTAINS WULONG)
VANILLE
YOGOURT ET ZESTE
D'AGRUMES

lors de l'élevage en milieu oxydatif, un produit plus complexe au niveau aromatique. Les phénols (dont font partie l'acide benzoïque, l'acide cinnamique, les aldéhydes phénoliques et la coumarine) contribuent grandement aux arômes et aux saveurs des vins.

L'oloroso, qu'il soit sec ou sucré, donne toujours l'impression d'être sucré et moelleux, à cause de sa richesse en alcool (éthanol) et en glycérol qui apportent tous deux une sensation de rondeur et de la texture, pour ne pas dire de la sucrosité (sans sucre).

L'oloroso subit plus ou moins 8 à 12 ans d'élevage en fûts. Après douze années il aura perdu de 30 à 40 % de son contenu initial. Cette concentration de la matière participe aussi grandement au développement de nouveaux composés aromatiques volatils, ainsi qu'à sa texture plus dense et épaisse que celle du fino et de l'amontillado.

MEDIUM DRY, MEDIUM, CREAM OU PALE CREAM SHERRY?

Généralement, ces différents types de xérès sont élaborés avec une base d'oloroso dans laquelle on ajoute une touche de fino pour en pâlir la couleur et en aromatiser l'ensemble, ainsi qu'une pointe d'amontillado pour en complexifier le bouquet.

LES COMPOSÉS AROMATIQUES DE L'OLOROSO

L'oloroso, comme l'amontillado, mais dans une moindre mesure, est richement pourvu en composés phénoliques. Ceux-ci proviennent du vin de base sélectionné pour ce type de xérès, ainsi que de l'extraction du chêne des fûts, riche en phénols, par la teneur en alcool plus élevée de l'oloroso et de l'amontillado, comparativement au fino (l'alcool est un solvant).

Quatre composés phénoliques dominent : l'acide benzoïque (odeur d'amande), l'acide cinnamique (odeur de cannelle), l'aldéhyde phénolique (odeur de noix) et la coumarine (odeurs de vanilline/fève tonka/foin coupé).

La signature aromatique de l'oloroso est, comme je le décrivais précédemment, marquée par d'autres particules aromatiques, tel le solerone, mais en moindre proportion que chez le fino.

On y trouve aussi le très aromatique et complexe sotolon (odeurs curry/noix/graines de fenugrec grillées/sirop d'érable/sauce soya), des *sherry lactones* (odeurs de datte/figue séchée/noix de coco/thé noir fumé/vanille), ainsi que le pipéronal (odeurs sucrées/florales).

PIPÉRONAL (HÉLIOTROPINE)

Dans le xérès, surtout dans l'amontillado et l'oloroso, se trouve le pipéronal, un composé aromatique à l'odeur sucrée/florale de la vanille de Tahiti, ainsi que de la vanille Bourbon (mais en quantité moins importante). Le pipéronal participe aussi au parfum de l'aneth, du bleuet, du camphre, du melon, du poivre, du poulet cuit, de la violette et du sassafras.

À TABLE AVEC L'OLOROSO

De par sa structure, à la fois caractérisée par de l'ampleur, de la chaleur, de la densité, du gras, de la sucrosité (avec ou sans sucre), ainsi que de puissants arômes, l'oloroso – étant marqué par une libération d'arômes à haute densité moléculaire – nécessite avant tout des aliments texturés et gras, pouvant se jouer de la présence de l'amertume et, idéalement, devant être servis à une température modérée, afin que la chaleur n'exacerbe pas l'alcool.

Il faut ensuite sélectionner ou créer des plats dominés par des ingrédients portant la signature aromatique de ces mêmes composés volatils. Par exemple, on trouve dans l'oloroso la coumarine, qui est aussi dans la fève tonka, la lavande, le girofle, la cannelle (principalement la cannelle de Chine ou casse), la réglisse, l'angélique, le tabac et les extraits de vanille artificielle, ainsi que dans l'herbe de bison utilisé dans l'élaboration de la vodka polonaise żubrówka.

TRUCS DU SOMMELIER-CUISINIER

Amusez-vous en cuisine avec ces ingrédients complémentaires à l'oloroso, en créant un dessert à base de cacao, de graines de fenugrec grillées, de dattes et de tokai aszù (vin liquoreux de Hongrie). En mode salé, préparez un poisson fumé « sans fumée » au thé Lapsang Souchong; il suffit de laisser infuser ce thé noir fumé dans une sauce chaude à base de crème, juste avant le service, puis de napper votre poisson non fumé qui prendra une allure de poisson fumé! Enfin, si vous utilisez en cuisine le siphon remodelé façon elBulli, n'hésitez pas à servir une écume de fumée sur des pépites de poisson. Vous obtiendrez le même résultat et réaliserez une émouvante harmonie avec un oloroso plus sec que sucré!

3. COMPOSÉS VOLATILS ET ARÔMES
XÉRÈS OLOROSO

VANILLINE

FÈVE TONKA

FOIN COUPÉ

COUMARINE

NOIX

SOLERONE

FIGUE SÉCHÉE

ALDÉHYDE PHÉNOLIQUE

CURRY

NOIX

CANNELLE

ACIDE CINNAMIQUE

XÉRÈS OLOROSO

SOTOLON

ACIDE BENZOÏQUE

FENUGREC GRILLÉ

SIROP D'ÉRABLE

LACTONES

AMANDE

PIPÉRONAL

VANILLE

FLEURS

NOIX DE COCO

4. ALIMENTS COMPLÉMENTAIRES
XÉRÈS OLOROSO

AMANDE
CACAO
CAFÉ
CANNELLE DE CHINE (CASSE)
CLOU DE GIROFLE
CURRY
DATTE
FEUILLE DE HAVANE
FÈVE TONKA
FICHE SÉCHÉE

FUMÉE
GRAINES DE FENUGREC GRILLÉES
HUILE ET GRAINES DE LIN
LES DIFFÉRENTS POIVRES
NOIX
NOIX DE COCO GRILLÉE
POISSONS FUMÉS
RACINE D'ANGÉLIQUE
RÉGLISSE
SAKÉ

SAUCE SOYA
SEL DE CÉLERI
SIROP D'ÉRABLE
THÉ NOIR FUMÉ (LAPSANG SOUCHONG ET CERTAINS WULONG)
TOKAI ASZU
VANILLE
VIANDES FUMÉES
VODKA POLONAISE ŻUBRÓWKA

L'AMONTILLADO

Au départ, l'amontillado est un vin élevé sous un voile de levures, comme le fino, donc fortifié à seulement 15,5 % d'alcool, mais qui, au cours de son élevage dans la même solera que celle du fino où les fûts sont remplis à seulement 80 % de leur capacité, voit ce voile disparaître.

Le vin est alors à nouveau fortifié pour atteindre entre 17 et 18 % d'alcool, et transféré dans une autre solera, où les fûts sont à 95 % pleins, dans un milieu oxydatif, donc sans voile de levures.

Sa couleur pâle initiale se transforme alors en une couleur plus ambrée. Les arômes de pomme et d'amande fraîche du fino sont aussi touchés par l'oxydation ménagée, se transformant en des notes de noix grillées typiques de l'amontillado. Son corps devient aussi plus plein et généreux que le fino, gagnant en pourcentage de glycérol sur ce dernier.

L'amontillado se situe, tant sur le plan aromatique que sur le plan harmonique, à mi-chemin entre le fino et l'oloroso.

LES *WHISKY LACTONES* ET DATTES

Le scotch vieilli dans des barriques de xérès (tels le Macallan « Fine Oak » 10 ans et le Macallan Cask Strength 10 ans) est aussi marqué par des lactones, dont les fameux *whisky lactones*, ainsi que les *sherry lactones*, comme le solerone du xérès et de la figue séchée.

Tout comme les figues séchées, les dattes sont aussi richement pourvues en composés phénoliques. Cela permet le développement des mêmes types d'arômes, grâce à l'action du brunissement (oxydation) des composés phénoliques et à la réaction de Maillard qui s'opère entre les sucres et les acides aminés (la datte séchée est très riche en sucre, qui représente plus de 60 à 80 % de son poids).

On peut donc envisager des harmonies avec les vins dans la même lignée harmonique que celle empruntée pour la figue séchée.

TRUC DU SOMMELIER-CUISINIER

Recette lactones Il faut oser élaborer une recette à base de figues séchées et de scotch « vieilli en fûts de xérès », ainsi que de vanille et de noix de coco grillée (deux arômes de la famille des lactones), pour réaliser une harmonie parfaite avec un xérès (avec un fino ou une manzanilla, ainsi que fort probablement avec un amontillado qui a commencé son élevage sous un voile de levures puis terminé sa maturation en milieu oxydatif).

Il est possible d'ajouter à cette recette des dattes, aussi dans la même ligne harmonique que les figues séchées étant très riches en composés phénoliques. Comme le sotolon, aussi de la famille des lactones, est un proche parent du solerone, l'harmonie avec un vin botrytisien, comme un sauternes ou un tokaji aszù, mais de plus de 10 ans d'âge, pourra aussi être envisagé, tout comme l'utilisation du sirop d'érable et de graines de fenugrec grillées dans les desserts.

POISSONS FUMÉS (ET PEAU DE SAUMON
CUIT À L'UNILATÉRALE)
POMME
POUDRE DE MALT

FUMÉES/SMOKY

GAÏACOL

VINS ÉLEVÉS
EN BARRIQUES

CHÊNE ET BARRIQUE

LE MÆSTRO DES ARÔMES ET L'EXHAUSTEUR DE GOÛT

« Les partitions disent tout sauf l'essentiel. »

GUSTAV MAHLER

C'est connu, la barrique de chêne est un élément central dans l'élaboration des grands vins et eaux-de-vie de ce monde, et ce, depuis fort longtemps. Même si l'on sait que les Gaulois en faisaient bon usage, c'est à la fin du XIXe siècle que les qualités organoleptiques de la barrique furent vraiment reconnues.

Des écrits relatent que dans les notes de dégustation des courtiers en vins de cette époque, certains dégustateurs avaient déjà remarqué le charme évident des grands bourgognes qui avaient été élevés en barriques de chêne neuf…

La suite, vous la connaissez. Vous avez tous profité un jour ou l'autre des bienfaits de la barrique sur les vins, et parfois, malheureusement, souffert des déboires de l'utilisation abusive de cette dernière dans l'élaboration des vins.

Je ne ferai pas ici une étude exhaustive du chêne, le sujet étant déjà amplement traité dans la littérature vinicole. Je me propose plutôt de tenter de cerner son impact aromatique sur les vins et les eaux-de-vie, afin d'établir une sorte de cartographie aromatique de certains vins eaux-de-vie élevés dans le chêne. On peut ainsi relier ces types de produits plus facilement aux ingrédients complémentaires qui devraient être privilégiés en cuisine pour accompagner les crus au caractère plus ou moins boisé.

LA NAISSANCE DES ARÔMES PAR LE FEU

Avant de remplir de vin les barriques de chêne, l'intérieur de celles-ci subit un brûlage (chauffe, bousinage ou cuisson œnologique) au feu de bois, en contact direct avec la flamme, de façon plus ou moins intense. Cette opération a pour but d'adoucir la structure naturellement amère et rêche des tanins du chêne pour obtenir une forme plus souple, et de transformer les composés volatils contenus dans le chêne à l'état naturel.

La combustion d'un aliment ou d'un matériau organique comme le bois entraîne une multitude de réactions chimiques (oxydoréductions), essentiellement entre l'oxygène de l'air et les molécules générant des molécules aromatiques possédant des propriétés physicochimiques et organoleptiques qui leur sont propres.

Il faut aussi tenir compte de la teneur en alcool du produit élevé en barriques puisqu'elle affectera la solubilité (propriété physicochimique) et donc la teneur du produit fini en certaines molécules. Par exemple, les phénols comme le gaïacol (à l'odeur de fumée) et l'eugénol (odeur de clou de girofle) sont peu solubles dans l'eau, mais très solubles dans l'alcool éthylique.

Ainsi, le gaïacol d'une barrique sera extrait avec plus d'efficacité si elle est utilisée pour le vieillissement d'un scotch que pour celui d'un vin. L'alcool joue en plus un rôle de véhicule, transportant les molécules aromatiques moins volatiles comme le maltol (odeur de sucre brûlé) vers les centres olfactifs.

Les parfums du chêne neuf, avant brûlage, sont sensiblement marqués par des composés volatils s'exprimant par des notes de vanille, de clou de girofle, de noix de coco, d'épices

ALIMENTS CUITS SUR LE GRILL
AU FEU DE BOIS OU CHARBON DE
BOIS
ALIMENTS RICHES EN UMAMI (PÉ-
TONCLES, ALGUES, FROMAGES, VIANDE BRAISÉE
CHAMPIGNONS SHIITAKE)
AMANDE GRILLÉE
ANANAS
ASPERGE GRILLÉE OU RÔTIE
BALSAMIQUE
BARBE À PAPA
BEURRE
BŒUF GRILLÉ
BOIS DE SANTAL
CACAO
CAFÉ
CANNELLE
CARAMEL
CARDAMOME
CASSONADE
CÉLERI
CHAMPIGNON
CITRONNELLE
CHICORÉE
CLOU DE GIROFLE
COING
CURRY
ÉPICES
EUCALYPTUS
FEUILLES DE HAVANE
FÈVE TONKA

MÉTHYLOCTALACTONES

AMANDE GRILLÉE

ALDÉHYDES
FURANIQUES

VANILLE

ÉRABLE

GRILLÉ ET
RÔTI/TOASTÉ

VANILLINE

VANILLE

CYCLOTÈNE

VINS ÉLEVÉS

et de cuir, ainsi que par des tonalités aromatiques pouvant être terreuses et végétales.

Une fois torréfié par l'action du feu, le chêne de la barrique voit apparaître de nouveaux composés aromatiques. La dégradation des lignines du chêne engendre de nombreux aldéhydes phénoliques très volatils, dont la vanilline, principale responsable de la plus ou moins forte odeur de vanille et d'une disparition des notes végétales.

Plusieurs autres phénols apparaissent, avec des nuances fumées (*smoky*), comme dans le gaïacol, ainsi que des notes épicées/boisées, comme dans le cas de l'eugénol (composé aromatique du clou de girofle). Il y a également les dominants méthyloctalactones, mieux connues sous le nom de *whisky lactones*, avec leurs odeurs toastées jouant dans l'univers, entre autres, de la noix de coco.

S'y ajoutent les aldéhydes furaniques (amande grillée), les furfurals (odeurs de bran de scie/érable/pain grillé/amande grillée/café/caramel) et le 5-methyl-furfural (amande grillée).

On y trouve aussi le cyclotène (érable, réglisse, grillé et rôti), le maltol et l'isomaltol (aux tonalités de sucre brûlé/caramel) – ces trois derniers étant marqués par des caractères caramélisés et grillés (*toastés*) beaucoup plus puissants que chez les furfurals.

La tonalité aromatique de pain grillé provient également du cyclotène et du maltol, deux molécules volatiles engendrées par le bois de chêne soumis à l'action du feu. Sachez que le cyclotène et le maltol participent aussi aux arômes de pain grillé et de biscuit détectés dans la bière, le fromage et les pâtisseries.

Quant à l'arôme de chocolat, aussi engendré lors de la chauffe des barriques, il résulte de la présence de dérivés d'aldéhydes, comme l'acétylpyrrole.

Plusieurs autres phénols volatils du bois sont aussi cédés au vin lors de l'élevage en fûts préalablement brûlés, tels que ces trois composés spécifiques du bois que sont le 4-méthylgaïacol, le 4-propylgaïacol, le 4-éthyl-2,6-diméthoxyphénol, ainsi que d'autres composés, comme les phénylcétones et les aldéhydes.

LES COMPOSÉS AROMATIQUES DU BOIS BRÛLÉ ET DE LA FUMÉE

Lorsqu'il y a combustion du bois par le feu, que ce soit dans un four à bois, un grill sur charbon de bois ou lors du brûlage des barriques de chêne, une multitude de nouveaux composés aromatiques s'imprègnent dans le bois et dans la fumée qui s'en dégage.

On y détecte des familles de composés volatils comme les furanes (à l'odeur sucrée de pain et de fleurs), des lactones (noix de coco), des phénols (astringence et fumée).

S'y retrouvent également des molécules aromatiques à forte personnalité, comme l'éthanal ou l'acétaldéhyde (pomme verte), le 2,3-butanedione ou diacétyle (beurre), le 2-méthoxyphénol ou gaïacol (fumée), le 2-methoxy-4-formylphénol ou vanilline (vanille), le 4-allyl-2-méthoxyphénol ou eugénol (clou de girofle) et le 2,6-diméthoxyphénol ou syringol (épicé/fumé/vanillé/médicinal).

Le syringol est un phénol provenant de la combustion du bois (lignines ou parois des végétaux elles-mêmes constituées de composés phénoliques), résultant en des arômes à la fois épicés, fumés, vanillés et médicinaux. On le trouve aussi à l'état naturel dans l'oignon, l'ail, le poireau et l'échalote, qui deviennent, une fois cuits (par la caramélisation de leurs sucres), de très intéressants ingrédients de liaison avec certains vins élevés en barriques.

Il y a des liens étroits entre les arômes des vins qui ont séjourné dans les barriques et les effluves des aliments cuits par le feu au charbon de bois.

Comme je l'ai mentionné précédemment, la vanilline apparaît lors du brûlage des barriques de chêne. Cela explique, en partie, les parfums de vanille trouvés dans les vins, les scotchs et les cognacs et dans tous les aliments cuits ou fumés sur des feux de bois tels le pain, les poissons, certains légumes et la viande. Ces aliments développent aussi des notes caramélisées/épicées/torréfiées, par contamination aromatique de la fumée dégagée lors de la cuisson. Voilà ce qui explique l'accord quasi parfait entre les vins boisés et les grillades.

RÉACTION DE MAILLARD

Il s'agit de la réaction des sucres et des acides aminés lorsque la température s'élève fortement (par cuisson, chauffage, brûlage...), tant lors de la cuisson d'une viande que lors du brûlage de l'intérieur des barriques. Il en résulte des substances colorées et aromatiques (les mélanoïdes), présentes dans la viande grillée, la croûte du pain grillé, ainsi que dans le vin. Dans le

chêne, ce sont les sucres et les acides aminés contenus dans le bois qui, une fois chauffés, se transforment en notes empyreumatiques, dont le caramel, le cacao, le pain grillé, la vanilline et le vanillate d'éthyle (un dérivé de la vanilline).

LES DIFFÉRENCES AROMATIQUES SELON L'ORIGINE DU CHÊNE

Le chêne français des forêts du Centre tout comme le chêne russe sont les variétés les plus riches en eugénol (clou de girofle). Cela ouvre la voie à une très large palette de vins susceptibles d'exprimer plus ou moins subtilement l'arôme de clou de girofle,

et ainsi de s'unir avec ce dernier, de même qu'avec les aliments riches en eugénol (voir chapitre *Clou de girofle*).

Le chêne américain, qui contient aussi de l'eugénol, mais en quantité moindre que les deux variétés précédentes, est surtout marqué par les méthyloctalactones (*whisky lactones*) – ce qui est aussi le cas du chêne français de la forêt des Vosges –, à l'arôme dominant de noix de coco.

Pour leur part, les chênes des forêts du Centre (France) – à dominante de chêne sessile *Quercus petrae* –, tout comme les chênes russes, génèrent tous deux trois fois plus d'impact aromatique que le chêne des forêts de Bourgogne et du

Limousin – à prépondérance de chêne pédonculé *Quercus robur* – qui eux ont une plus grande présence physique en libérant plus de tanins et d'autres polyphénols.

C'est pourquoi on utilise plus fréquemment ces derniers pour l'élevage des eaux-de-vie, tandis que les chênes du Centre et des Vosges, avec leurs tanins plus doux et moins abondants, servent mieux aux vins.

LES LIGNINES DU BOIS ET DE LA RAFLE : DES JUMEAUX!

Fait intéressant à noter, les lignines présentes dans la structure du chêne utilisé pour les barriques sont composées des mêmes molécules que les lignines structurant la rafle (la partie en bois qui retient la grappe). Cela permet un début d'explication du lien naturel entre la barrique de chêne et le vin, produit du raisin, donc marqué par la présence plus ou moins forte des composés provenant de la rafle…

LE CHÊNE AMÉRICAIN

Les vins américains et australiens, tout comme les vins espagnols, sont souvent élevés en partie ou en totalité en barriques de chêne d'origine américaine (*Quercus alba* en particulier). Ces barriques, dont l'intérieur a été brûlé souvent plus fortement que les espèces européennes, imprègnent les vins de diverses molécules volatiles, dont les méthyloctalactones (*whisky lactones*), à l'arôme de noix de coco.

La famille des lactones engendre des notes lactées complexes pouvant être aussi très vanillées, balsamiques, boisées, sucrées (pâtisseries) ou terreuses, avec des tonalités d'abricot, de pêche, de cuir, d'épices, de noix verte ou d'herbe fraîche.

Comme la noix de coco est présente en plus grande quantité dans les vins ayant séjourné en barriques de chêne américain, il faut envisager l'union parfaite entre les plats dominés par la noix de coco (fraîche, grillée ou lait de coco) et le chardonnay élevé en barriques, provoquant dans le vin des goûts lactés rappelant la noix de coco. Par contre, il faut noter que la fermentation des vins blancs en barriques, puis l'élevage sur lies, réduisent l'impact aromatique de la vanilline par sa transformation en alcool vanilline inodore.

Chardonnay élevé en barriques de chêne et recettes à base de noix de coco (fraîche, grillée ou lait de coco) vont de pair! Peuvent aussi s'ajouter à tous les vins élevés en barrique

de chêne américain des touches de caramel, ainsi que de cacao et de pain grillé dérivées, entre autres, de la réaction de Maillard. Le caramel et le chocolat marquent généralement davantage les vins élevés dans le chêne américain. Quant à la tonalité aromatique de pain grillé, provenant du maltol et du cyclotène, notez que cet arôme est aisément perceptible à des dilutions extrêmement faibles.

LES COPEAUX DE CHÊNE

Les aldéhydes-phénols, comme la vanilline (vanille), se trouvent en quantité importante dans les vins rouges et blancs élevés en contact avec des copeaux de chêne préalablement brûlés.

Par contre, les phénols volatils, comme le maltol (sucre brûlé/barbe à papa) et l'eugénol (clou de girofle), se détectent généralement en plus petites quantités dans les vins ayant été en contact avec les copeaux. Il faut donc jouer dans l'univers fumé et chocolaté de la vanille et de la fève tonka lorsque le vin à servir a été élevé avec des copeaux, et marqué aromatiquement parlant par ces derniers, au lieu d'avoir séjourné en barriques.

EXHAUSTEUR DE GOÛT

Le maltol (odeur de sucre brûlé), un composé organique présent dans la nature, plus particulièrement dans le chêne, le mélèze, le pin et la réglisse, se forme lors de la torréfaction du malt, donc par la réaction de Maillard. Il est alors très présent dans les vins élevés en barriques de chêne tout comme dans la bière et le scotch, tous deux à base de malt torréfié, aussi riche en maltol, sans compter que le scotch est longuement élevé en fûts de chêne. Il est aussi utilisé comme exhausteur de goût dans l'industrie alimentaire. C'est lui qui donne le goût fruité/caramélisé unique à la barbe à papa!

LE PROFIL AROMATIQUE DES VINS ÉLEVÉS EN BARRIQUES

L'eugénol (clou de girofle) est l'une des principales signatures aromatiques apportées par le chêne des barriques préalablement « brûlées », et l'une des plus caractéristiques – du moins à mon nez! Il domine spécialement dans les vins élevés dans le chêne français des forêts du Centre, ainsi que dans le chêne russe.

La vanilline est aussi l'une des importantes signatures à être engendrée par le chêne, et la plus reconnue chez les consommateurs. Ce composé est présent dans toutes les variétés de chênes utilisés pour la fabrication des barriques, une fois le chêne passé par le feu. Après une forte chauffe, cependant, c'est le chêne américain qui en est souvent le plus abondamment pourvu.

La vanilline et l'eugénol sont aussi quelquefois présents à l'état de traces dans le vin avant son séjour en barrique. Leur concentration augmente cependant de façon importante lors de l'élevage dans le bois.

Lors de son séjour dans les fûts, le vin s'enrichit surtout et avant tout en méthyloctalactones. Ce sont les composés volatils les plus caractéristiques du chêne, aussi connus sous le nom de *whisky lactones*, à l'odeur, entre autres, de noix de coco. En fait, il s'agit de l'isomère *cis* des méthyloctalactones, quatre fois plus odorant que l'isomère *trans* de cette même molécule, qui se retrouve dans tous les chênes et qui représente LA signature de l'élevage en barrique.

Comme je le signalais précédemment, ces méthyloctalactones se traduisent par une note lactée complexe de noix de coco, pouvant être très vanillée, balsamique, boisée, sucrée et/ou terreuse, ainsi qu'avec des tonalités d'abricot, de pêche, de cuir, d'épices, de noix verte ou d'herbe fraîche.

C'est le chêne américain, qui contient aussi de l'eugénol (clou de girofle), mais en quantité moindre, qui est le plus richement pourvu en méthyloctalactones (noix de coco), tout comme le chêne français de la forêt des Vosges. Notez qu'il est nécessaire de brûler plus longuement le chêne américain afin de « brider » son impact aromatique, ce qui en retour engendre plus de vanilline dans le vin qui y séjourne.

Les lactones, à l'odeur de noix de coco, ainsi que d'abricot/pêche, et aux tonalités pouvant être vanillées, balsamiques, boisées et sucrées, transforment grandement le complexe aromatique des vins lors de leur maturation en barriques.

La coumarine, qui est aussi une lactone, est un autre composé aromatique provenant du chêne, aux parfums complexes de vanille, de fève tonka et de foin coupé, au goût acide et amer. Comme elle est aussi l'un des composés aromatiques de la réglisse, elle participe à donner un aspect « réglissé » aux tanins des vins rouges élevés en barriques de chêne neuf. Voilà pourquoi j'utilise parfois le terme « tanins réglissés » dans mes descriptions de vins.

La coumarine est aussi l'un des principaux composés volatils de la lavande, du girofle, de la cannelle, de l'angélique, de la fève tonka, du tabac, de l'extrait de vanille artificielle, ainsi que de l'herbe de bison (une plante entrant dans la fabrication de la vodka polonaise żubrówka) et de certains scotchs écossais très tourbés (comme le Talisker 10 ans de l'Isle of Skye).

Les furfurals, des composés volatils contenus, entre autres, dans le bran de scie et le sirop d'érable, atteignent des teneurs importantes dans les vins élevés en fûts de chêne. Leurs odeurs pénétrantes jouent dans des tonalités complexes à la fois sucrées/boisées/caramélisées/noisettées, avec des nuances de pain grillé, de brûlé, de café et d'astringence.

Pour être plus précis, le furfural est le précurseur direct du 5-furfuryl-mercaptan qui apparaît fortement au cours de la fermentation alcoolique en barriques, plus particulièrement pendant la malo-lactique (transformation de l'acide malique, plus dure, en acide lactique, plus douce) ainsi que durant la maturation du vin sur lies. Ce composé très odorant, le composant principal de l'arôme du café espresso, est absent du chêne, mais se forme dans les vins élevés en barriques avec peu d'oxydation (à l'abri de l'oxygène). Même chose pour le méthyl-5-furfural qui produit du 5-méthyl-furfuryl mercaptan, à l'odeur toastée/café. Ces composés se retrouvent, entre autres, dans les arômes de vieillissement des champagnes conservés sur pointe (avec leurs lies) et des sauternes. Enfin, le bois sert d'exhausteur ou d'amplificateur de ces arômes dans les vins rouges et certains vins blancs.

On y trouve aussi, mais de façon plus subtile, le ß-caryophyllène, une molécule à l'odeur boisée, ainsi que des composés furaniques, qui sont des molécules formées par la caramélisation des sucres, associées aux descripteurs aromatiques suivants : amande, amande grillée et pain grillé.

LE CLOU DE GIROFLE ET LES VINS

L'eugénol est le composé aromatique dominant dans le clou de girofle, tout en étant présent dans le basilic thaï, le basilic sauvage, l'orge malté, la mangue fraîche, l'abricot, l'ananas, la fraise, la cannelle, le romarin, la pomme de terre, l'asperge cuite, la mozzarella et le bœuf grillé.

Et puisqu'il y a aussi dans le clou de girofle des traces de composés aromatiques comme le furfural (une molécule

contenue, entre autres, dans le bran de scie), de ß-caryophyl-lène (une molécule à l'odeur boisée présente aussi dans le poivre noir) et de vanilline, le lien aromatique est renforcé avec les vins ayant été élevés en barriques de chêne, plus parti-culièrement dans des fûts de chêne d'origine française, des forêts du Centre, tout comme de chêne russe, les variétés les plus riches en eugénol.

Avec son odeur très puissante et sensuelle, le girofle s'unit aux vins rouges chaleureux et pénétrants, tout particulièrement à certains crus d'Espagne, richement pourvus en eugénol.

Ses compagnons sont avant tout les rouges espagnols à base de garnacha (grenache), provenant des zones du Priorat, de la Rioja Baja, de Campo de Borja et de Cariñena. Ils s'harmonisent également très bien avec ceux à base de tem-pranillo, issus de la Rioja, de Toro et de la Ribera del Duero, sans oublier ceux du cépage mencia, cultivé à Bierzo. Les vins portugais de touriga nacional, cépage du Douro, n'y font pas exception, tout comme de nombreux pinots noirs, qu'ils soient de Bourgogne ou de Nouvelle-Zélande.

LE SIROP D'ÉRABLE ET LES BARRIQUES DE CHÊNE; MÊME PROFIL AROMATIQUE !

Le chêne et l'érable sont deux essences qui, dans leur trans-formation par l'utilisation de la chaleur – la barrique de chêne est brûlée à l'intérieur avant son utilisation, et l'eau d'érable est chauffée à haute température pour la transformer en sirop –, voient leurs composés volatils, provenant originellement des lignines du bois de chêne et d'érable, se magnifier en une kyrielle de nouvelles molécules encore plus complexes et aromatiques.

On y trouve, et ce, autant dans les vins élevés en barriques que dans le sirop d'érable (voir chapitre *Sirop d'érable*), des lactones – aux tonalités lactées (noix de coco), fruitées (abri-cot/pêche), fruits secs (amande/noisette) ou de caramel –, des furanones (plus particulièrement le furanone de l'érable à l'odeur caramélisée d'érable), le maltol (sucre brûlé), le cyclotène (odeur puissante entre l'érable et la réglisse) et le furfural (odeur sucrée/boisée/pain grillé/noisette/caramel).

Il ne faut pas oublier la réputée vanilline, le puissant eugénol, le 4,5-Dimethyl-3-hydroxy-2(5H)-furanone ou sotolon (odeur complexe jouant dans la zone de noix/curry/graines de fenugrec grillées/caramel/érable), le syringaldéhyde (odeurs discrètement fumées et chocolatées rappelant la vanilline et la fève tonka), le subtil ß-caryophillène (odeurs boisées), ainsi que de multiples autres molécules présentes dans le produit du chêne et de l'érable.

CHÊNE ET ÉRABLE, UN SURPRENANT RAPPROCHEMENT AROMATIQUE!

Quand on examine la liste des composés actifs contenus dans les vins et les eaux-de-vie ayant séjourné en barriques de chêne que je viens de décliner dans ce chapitre, il est étonnant de noter la très grande similitude avec les composés présents dans le sirop d'érable! À quand l'utilisation de barriques d'érable pour élever certains types de vins ou l'élevage du sirop d'érable en barriques de chêne d'origine américaine?

Ceci explique le lien harmonique évident entre la cuisine au sirop d'érable en mode sucré et les vins élevés longuement en barriques et en fûts de chêne, comme le sont, entre autres, les sauternes, les portos tawnies, les madères et les xérès de type oloroso.

Les vins secs, qu'ils soient blancs ou rouges, aussi marqués, aromatiquement parlant, par le chêne torréfié des barriques, permettent une union juste avec une cuisine salée, rehaussée avec retenue par les arômes de l'érable.

Les vins élevés en barriques de chêne d'origine américaine, étant plus richement pourvus en molécules aromatiques proches parentes avec celles de l'érable, sont encore plus étroitement liés avec le sirop. Ce à quoi répondent les chardonnays du Nouveau Monde, comme certains vins rouges californiens, ainsi qu'espagnols, dont ceux de la Rioja et de la Ribera del Duero, où le chêne américain est encore passablement présent.

Enfin, les eaux-de-vie ayant séjourné longuement en barriques de chêne, comme le cognac, l'armagnac, le bourbon américain et le scotch écossais, sont aussi à envisager avec certaines compositions salées, salées-sucrées ou sucrées à base de sirop d'érable.

VANILLE/NOIX/CARAMEL : QUI SE RESSEMBLE S'ASSEMBLE!

L'odeur de la noix, présente dans les vins élevés en milieu oxydatif, comme c'est le cas pour le xérès, de type fino et amontillado, ainsi que pour le vin jaune du Jura, est un sous-produit de la flore de levures qui se développe à la surface de ces vins pendant leur long élevage en fûts, effectué sans ouillage, donc au contact de l'oxygène de l'air.

Lors de la fermentation des vins, les levures produisent des acétaldéhydes, un composé à l'odeur de noix, présent dans le xérès et le vin jaune (dans ce cas, il s'agit d'un mélange acétaldéhydes/sotolon), comme dans de multiples vins élevés longuement en barriques ou qui ont quelques années de bouteille.

L'arôme pur de caramel, est très proche, du point de vue moléculaire, de celui de la noix.

L'une des signatures aromatiques du caramel lui est donnée, entre autres, par un aldéhyde proche parent de l'acétaldéhyde de la noix, tout comme c'est le cas pour la vanille. Cela explique la belle union de la noix, du caramel et de la vanille dans les desserts, tout comme des vins marqués par ce type d'effluves qui s'unissent à merveille avec les desserts dominés par ces trois ingrédients riches en aldéhydes. Le tout est en harmonie avec un xérès au goût sucré, de type oloroso ou pedro ximénez.

2. ALIMENTS COMPLÉMENTAIRES
VINS ÉLEVÉS EN BARRIQUES

ALIMENTS CUITS SUR LE GRILL AU FEU
DE BOIS OU CHARBON DE BOIS
ALIMENTS RICHES EN UMAMI (PÉTONCLES,
ALGUES, FROMAGES, VIANDE BRAISÉE, CHAMPIGNONS
SHIITAKE)
AMANDE GRILLÉE
ANANAS
ASPERGE GRILLÉE OU RÔTIE
BALSAMIQUE
BARBE À PAPA
BEURRE
BŒUF GRILLÉ
BOIS DE SANTAL
CACAO
CAFÉ
CANNELLE
CARAMEL
CARDAMOME
CASSONADE
CÉLERI
CHAMPIGNON
CITRONNELLE
CHICORÉE
CLOU DE GIROFLE
COING
CURRY
ÉPICES
EUCALYPTUS
FEUILLES DE HAVANE
FÈVE TONKA
FLEURS D'OSMANTHUS
FRAISE

FUMÉE
GRAINES DE FENUGREC GRILLÉES
GRAINES DE SÉSAME GRILLÉES
MADÈRE
MAÏS SOUFFLÉ
MANGUE
MIEL
NOISETTE
NOIX
NOIX DE COCO
OIGNON
PAIN GRILLÉ
PÊCHE
PIMENTS FUMÉS (CHIPOTLE MEXICAIN
ET PIMENTÓN ESPAGNOL)
POISSONS FUMÉS (ET PEAU DE SAUMON
CUIT À L'UNILATÉRALE)
POMME
POUDRE DE MALT
RÉGLISSE
SAKÉ
SAUCE SOYA
SCOTCH
SIROP D'ÉRABLE
TACOS DE MAÏS
TAMARIN
THÉ
VANILLE
VIANDE FORTEMENT GRILLÉE
VINAIGRE BALSAMIQUE

ESTERS

TERPENES

BŒUF

DE L'ÉLEVAGE À LA CUISSON

« La connaissance scientifique est la connaissance la plus sûre
et la plus utile que possèdent les êtres humains. »

ALBERT EINSTEIN

Mieux connaître le bœuf, tout comme la viande de l'agneau et du porc, par l'étude scientifique de leur structure et de leurs modes de cuisson, pour mieux les cuisiner avec leurs aliments complémentaires, tout en réussissant l'harmonie avec les vins.

Il est connu que la viande rouge, à l'exemple des très populaires viandes d'agneau et de bœuf, est plus richement pourvue en saveurs que la viande blanche, comme celle du porc. Mais pourquoi au juste? Y a-t-il des différences de goût entre les différents types de cuisson ou entre les différents types de bœufs? Quels sont les ingrédients complémentaires pour cuisiner avec ces viandes?

L'étude scientifique de la structure physique de la chair bovine apporte quelques réponses utiles à ces questions. Elle permet le choix d'une viande et de sa cuisson, celui des ingrédients complémentaires pour la cuisiner, et celui des vins pour les accompagner avec justesse et précision.

Bien que nous mangions de la viande depuis Cro-Magnon…, nous n'avons pas encore assimilé pour autant tous ses secrets gustatifs!

L'agneau et le bœuf – comme les parties brunes des viandes dites blanches (poulet et dindon) – contiennent généralement une plus grande part de matériel générateur de saveurs à la cuisson que les autres types de viandes plus pâles.

LE BŒUF : REGARD SUR L'ANIMAL

Le bœuf, riche en fibres rouges et ayant été soumis à de l'exercice donne une viande plus savoureuse que les viandes riches en fibres blanches, provenant d'animaux comme le poulet, le dindon et le veau, qui n'ont pas eu à faire de grands efforts physiques.

La saveur animale, caractérisée par une sensation de plénitude (umami) et par de riches arômes, provient surtout des viandes aux fibres rouges ayant subi de l'exercice. Cela explique, en partie, le choix de vins en général plus aromatiques et plus charnus, plus texturés et amples, pour les viandes rouges que ceux requis pour les viandes de fibres blanches.

Le gras de la viande joue aussi un rôle majeur dans sa saveur. Ce sont les molécules sapides, dissoutes dans le gras animal, qui procurent une bonne partie de la saveur au bœuf, tout comme à l'agneau, au porc et au poulet. Il faut savoir que le gras est un support de saveurs. Lors de la cuisson par la chaleur, le gras chauffé confère à la viande des saveurs provenant de ses molécules fruitées, florales, noisettées et végétales.

Des centaines de nouveaux composés aromatiques apparaissent lors des réactions chimiques provoquées par la chaleur plus ou moins intense de la cuisson de la viande.

COMPOSÉS VOLATILS ET ARÔMES/ TEXTURE/SAVEURS

1.

BŒUF

ÉPICÉS

HERBES

TERPÈNES

UMAMI

FRUITÉS

ACIDES AMINÉES — PRÉSENCE

FLORAUX

ESTERS

VOLUME

BŒUF

RÔTIS

NOIX

ALDÉHYDES

RÉACTION DE MAILLARD — GRILLÉS

ÉPICÉS

CÉTONES

SCATOLE

ÉPICÉS

FUMÉS

VIANDÉS

FRUITÉS

PIQUANTES

FLORAL

ALIMENTATION = SAVEURS PLUS OU MOINS COMPLEXES

Le type d'alimentation du bœuf pendant son élevage joue aussi un rôle fondamental dans la saveur de la viande qui en proviendra.

LE BŒUF NOURRI AUX HERBES FRAÎCHES ET SÉCHÉES

La viande rouge provenant de bœufs dont la diète était à base d'herbes fraîches de pâturages d'été et d'herbes séchées des fourrages d'hiver se montre beaucoup plus savoureuse et plus aromatique que celle provenant de bœufs nourris aux grains.

Cette viande contient une plus grande quantité d'acide gras polyinsaturé et de chlorophylle – que les animaux transforment en terpènes, une famille de molécules aromatiques, très présentes dans les vins, aux notes, entre autres, d'épices et d'herbes.

La viande de ce bœuf de pâturage est aussi plus riche en scatole, une molécule qui, en faible quantité, se traduit par une odeur de fleur. Le scatole est d'ailleurs un composé volatil très utilisé en parfumerie.

Le scatole fait partie de la famille « indole », des molécules aromatiques à odeurs de fleur d'oranger, de jasmin, de betterave et de jujube (*ziziphus mauritania*). Par contre, à trop forte concentration, ce qui n'est pas le cas dans la viande comestible (heureusement!), le scatole développe des odeurs fécales, scatologiques…

Avec ce type de bœuf, il faut donc opter pour des vins rouges ayant un bon volume de bouche, générant des saveurs jouant dans la même sphère (épices, fleurs, herbes), comme c'est le cas, entre autres, des vins australiens de shiraz.

Les aliments complémentaires pour le bœuf nourri aux herbes : Il faut donc cuisiner le bœuf nourri aux herbes avec des épices et des herbes, ce que nous savions déjà, mais aussi avec la fleur d'oranger, le jasmin ou la betterave (le jus ou le légume sous toutes ses formes). Ce qui est moins courant pour ces derniers.

LE BŒUF NOURRI AUX GRAINS

La viande rouge provenant de bœufs nourris aux grains est moins savoureuse que celle provenant de bœufs nourris aux herbes, mais est en revanche plus marquée par le caractère « beefy », typique au bœuf.

Cela appelle le service de vins passablement nourris et généreux, même un brin rustique, pour soutenir cette saveur. C'est le cas des assemblages de grenache, de syrah et de mourvèdre provenant du Languedoc, ainsi que les malbecs, qu'ils soient d'Argentine ou de Cahors.

LE BŒUF ÂGÉ

L'âge de la viande est aussi à prendre en compte, car plus elle « vieillit », plus les molécules aromatiques contenues dans son gras développent des saveurs puissantes. Son taux d'acide aminé augmente sensiblement pendant la maturation, ce qui lui procure une plus grande présence en bouche (saveur umami), donc de l'amplitude et de la texture.

Ceci nous conduit vers un choix de vins encore plus aromatiques et plus volumineux, pouvant jouer aussi dans la sphère de saveurs plus animales. Ce à quoi répondent les vins de « tanins chauds », c'est-à-dire de climat de type méditerranéen, comme le sont certains cabernets sauvignons d'Australie, de Californie et du Chili, tout comme ceux du Midi, sans oublier les petite sirah et zinfandels californiens et mexicains.

LE BŒUF ANGUS

C'est connu, les Américains sont de gros consommateurs de bœuf. C'est aussi le cas d'une bonne partie des Canadiens, spécialement ceux de l'Alberta, où l'on élève le bœuf Angus, l'une des meilleures races bovines au monde. Pour nourrir l'appétit carnivore de tous ces gens, rien de tel qu'un épais filet de bœuf Angus, escorté d'une poêlée de champignons matsutake (riches en umami) récoltés dans les forêts de Colombie-Britannique.

Contrairement à une viande de grains, la saveur de cette viande finement persillée, aux arômes et aux saveurs complexifiés par l'alimentation saine des pâturages où sont élevés les bœufs, joue aussi dans la sphère des terpènes (odeurs d'herbes et d'épices) et du scatole (odeurs de fleurs).

Une fois vieillie à point puis cuite avec précision, la viande de bœuf Angus développe des notes animales, des tonalités de rôti, de grillé et de fumée, à la manière des vins élevés en barrique de chêne, ainsi que d'oignons et de noix, toutes engendrées par la réaction de Maillard (phénomène de brunissement lors de cuisson à haute température).

Durant sa maturation et sa cuisson, cette viande acquiert une importante quantité d'acides aminés, résultant en une plus grande présence de volume, de texture et de saveurs en bouche (la cinquième saveur, nommée umami) que les autres types de bœuf. Il lui faut donc un vin rouge ayant à la fois du volume, des saveurs intenses, des notes florales et épicées, et des tonalités boisées s'accrochant aux touches rôties, grillées et fumées apportées par la cuisson.

Ce à quoi répondent avec brio les pinots noirs de grande stature, idéalement du Nouveau Monde, comme ceux élaborés avec maestria par Thomas Bachelder, au Clos Jordanne, situé dans le cœur du *bench* de la magnifique péninsule du Niagara. C'est le cas du dense, complexe et richissime Pinot Noir Le Grand Clos, Niagara Peninsula VQA, Le Clos Jordanne, Canada, se situant à mi-chemin entre l'élégance bourguignonne et l'ampleur du Nouveau Monde.

DU CRU À LA CUISSON...

Pourquoi la viande crue convient autant à un vin rouge léger qu'à un vin blanc sec de corps modéré? Tout simplement parce qu'elle développe beaucoup moins d'arômes. Elle est donc moins riche et se montre en bouche naturellement plus salée et plus acide, deux saveurs qui « cassent » les tanins trop marqués des vins rouges corsés. Donc, la prochaine fois que vous commanderez un tartare, n'hésitez pas à demander un vin blanc, de corps modéré, mais richement parfumé comme peuvent l'être certains muscadets matures, donc ayant quelques années de bouteilles dans le corps.

Qu'en est-il de la viande cuite? C'est simple, la cuisson lui donne de la saveur! En fait, la réaction de brunissement à chaleur élevée, spécialement pour les viandes grillées, rôties et braisées, transforme les molécules aromatiques de la viande crue en de nouvelles molécules plus complexes.

Les esters, les cétones et les aldéhydes, naturellement présents dans le bœuf, se traduisent par leurs arômes de fruits, de fleurs, de noix et de végétaux. Ils se lient aux molécules de cuisson qui, elles, jouent dans l'univers du rôti, du grillé et de la fumée – à la manière des arômes apportés dans les vins lors de l'élevage en barriques de chêne, préalablement brûlées à l'intérieur –, ainsi que de l'épicé et même de l'oignon cuit.

Cela explique l'union belle et précise entre le bœuf grillé et certains vins rouges élevés en barriques.

LES TYPES DE CUISSON ET LES VINS

Le type de cuisson influence aussi grandement les arômes et la structure de la viande, tout comme la perception des vins avec lesquels elle sera servie.

LE BŒUF GRILLÉ ET RÔTI

C'est en mode grillé et rôti que le bœuf développe le plus de composés aromatiques provenant de la réaction de brunissement. S'ajoutent, entre autres, aux saveurs déjà présentes dans la viande, des tonalités de rôti, de grillé, de fumée, d'épices et d'oignon cuit.

Il faut donc servir un vin rouge au profil aromatique semblable, pouvant être passablement corsé et idéalement élevé en barriques de chêne. Ici, la palette de choix est très large. Privilégiez les vins à base de cabernet sauvignon, de syrah, de malbec, de tempranillo, de nebbiolo et de sangiovese – en sélectionnant les plus soutenus et tanniques.

LE BŒUF BOUILLI

Le cas du bœuf bouilli est intéressant. Premièrement, un changement majeur se produit dans la structure physique de la viande. À l'exemple du classique et très français pot-au-feu, la viande rouge de bœuf devient, une fois bouillie dans l'eau de cuisson, plus blanche, et surtout plus filandreuse, voyant ses fibres rouges de protéines s'agglutiner et perdre leur caractère « juteux », presque à la manière d'une viande blanche…

« Structuralement parlant, la viande bouillie n'a plus la capacité d'assouplir les tanins des vins rouges. »

Il faut donc impérativement lui servir soit un vin rouge gouleyant aux tanins souples, soit un blanc passablement généreux à l'acidité modérée. Selon l'eau de cuisson et les ingrédients qui la parfument, la viande bouillie prend le goût de son jus de cuisson. Elle devient habituellement très parfumée. Par conséquent, le vin choisi devra aussi être très aromatique.

TRUC DU SOMMELIER-CUISINIER

Nouvelles eaux parfumées d'après cuisson Il est recommandé que la viande cuite dans un liquide soit refroidie à même son jus de cuisson. Il est aussi connu que plus elle refroidit, plus la capacité de rétention d'eau des tissus de la viande augmente. Ce faisant, elle réabsorbe une partie du liquide qu'elle a perdu durant la cuisson à la chaleur.

Ainsi que le suggèrent les recherches en gastronomie moléculaire du physico-chimiste français Hervé This, pourquoi ne pas transférer la pièce de viande, aussitôt cuite, dans un autre bain de liquide chaud, parfumé avec les ingrédients de votre choix, pour la laisser s'y refroidir et se gorger (environ 10 à 15 %) de cette « nouvelle eau parfumée » ?

Eau à l'huile de truffe, à l'anis étoilé, à la réglisse, à la tomate ? À vous de choisir votre saveur, en fonction du vin servi. Vous servirez ainsi une viande qui semble au premier abord « nature », sans jus de cuisson, et vous vous jouerez par le fait même des papilles de vos invités, tout en réussissant l'accord avec le vin !

LE BŒUF BRAISÉ

Généralement, le bœuf braisé aura été légèrement caramélisé avant le braisage, ce qui lui procure des notes aromatiques comme chez le bœuf grillé et rôti. Sa longue et lente cuisson au four ou à couvert, dans un jus de cuisson aromatisé, lui offre une structure à mi-chemin entre celle juteuse de la viande grillée ou rôtie et celle plus filandreuse de la viande bouillie. Disons une texture pleine et presque juteuse, avec une sensation de gras et de plénitude, même si la viande peu quelquefois sembler un brin filandreuse.

Ce type de viande est fait pour les vins rouges à la fois puissamment aromatiques, enveloppants, généreux et presque capiteux, à l'épais velouté de texture. Ce à quoi répondent de multiples crus du Nouveau Monde, tout particulièrement les

2.

VINS COMPLÉMENTAIRES
BŒUF

SANGIOVESE

NEBBIOLO

SYRAH

MALBEC

CABERNET SAUVIGNON

VINS ROUGES CORSÉS ÉLEVÉS EN BARRIQUES

TEMPRANILLO

PINOT GRIS

GAMAY

VINS BLANCS GÉNÉREUX/ACIDITÉ MODÉRÉE

GRILLÉ/RÔTI

CABERNET SAUVIGNON D'AUSTRALIE, DE CALIFORNIE ET DU CHILI

VINS ROUGES SOUPLES

BOUILLI

ROUGES PUISSANTS/ TANINS CHAUDS

VALPOLICELLA

BŒUF

ÂGÉ

PETITE SIRAH ET ZINFANDEL

ANGUS/KOBÉ

EUROPE ANNÉE CHAUDE

BRAISÉ

AMARONE

VINS ROUGES GÉNÉREUX ET VOLUMINEUX

PINOT NOIR

NOUVELLE-ZÉLANDE

CALIFORNIE

GRENACHE/ SYRAH/MOURVÈDRE DU MIDI

AUSTRALIE

CRU

GAMAY

ROUGES LÉGERS

BLANC SEC/ CORPS MODÉRÉ

CABERNET FRANC

MUSCADET ÂGÉ

3.

ALIMENTS COMPLÉMENTAIRES
BŒUF

ALIMENTS COMPLÉMENTAIRES RICHES EN ACIDES AMINÉS/UMAMI
BŒUF

ÉPICES
HERBES AROMATIQUES
JASMIN
BETTERAVE
FLEUR D'ORANGER
FROMAGES
TOMATE
ASPERGES RÔTIES À
L'HUILE D'OLIVE
RIZ SAUVAGE

NOIX DE COCO GRILLÉE
CHAMPIGNONS SAUTÉS
CACAO
CHOCOLAT NOIR
CAFÉ
NOIX GRILLÉES

ALGUES JAPONAISES
KOMBU ET NORI
BONITE SÉCHÉE
MISO
SAUCE SOYA
CRABE
FROMAGES MATURES
(PARMIGIANO REGGIANO,
EMMENTAL, GRUYÈRE, CHEDDAR
ET ROQUEFORT)
JAMBONS SÉCHÉS
(PROSCIUTTO, JAMBON IBÉRIQUE,
DE BAYONNE)
THON ROUGE
SAUCE TOMATE DE

LONGUE CUISSON
PÉTONCLES
CHAMPIGNONS (SHIITAKE,
ENOKI ET MATSUTAKE)
KETCHUP
CAVIAR
SAUCISSONS SECS (CHORIZO)
ANCHOIS
OIGNONS CUITS
ÉPINARDS CUITS
POIS VERT
BIÈRE BRUNE ET NOIRE
SCOTCH SINGLE MALT

assemblages GSM (grenache, syrah, mourvèdre), ainsi que de cabernet-shiraz, tout comme ceux des régions baignées de soleil et de chaleur du Bassin méditerranéen, sans oublier les décapants amaroni de Vénétie.

À TABLE AVE LE BŒUF

Il est connu que certains ingrédients sont des passages obligés lorsqu'il est question de cuisiner une recette à base de bœuf.

Le bœuf est souvent servi avec des herbes aromatiques et des épices, ainsi qu'avec des champignons, certains fromages et la tomate, sous toutes ses formes, dont le populaire ketchup. Il est rare de dénicher des compositions culinaires qui marient le bœuf au caviar, aux algues, aux anchois ou à la fleur d'oranger. Pourtant, tous ces ingrédients jouent dans la même sphère moléculaire que celle du bœuf, partageant avec elle de multiples composés aromatiques.

Parmi les autres ingrédients à mettre sur la liste d'aliments complémentaires au bœuf et aux vins prescrits pour l'harmonie, il faut compter ceux marqués par les molécules volatiles apparaissant lors de la cuisson. Ce sont les asperges rôties à l'huile d'olive, le riz sauvage, la noix de coco grillée, les champignons sautés, le cacao, le chocolat noir, le café, le malt, la bière brune et noire, le scotch et les noix grillées.

Enfin, il faut aussi privilégier les aliments riches en acides aminés, donc marqués par le goût umami, apporté par l'effet de synergie entre le glutamate, naturellement contenu dans certains aliments, l'inosinate disodique et le guanylate disodique, les trois composés naturels qui participent à la formation de l'umami.

On parle ici des algues japonaises kombu et nori, de certains fromages matures (parmigiano reggiano, emmental et cheddar), des jambons séchés (prosciutto, jambon ibérique, de Bayonne), du thon rouge, de la tomate de longue cuisson, des pétoncles et des champignons (shiitake, enoki et matsutake).

Suivent de près, avec des taux d'umami juste un brin inférieur, le ketchup, la sauce soya, le caviar, le miso, les saucissons (comme le chorizo), les anchois, les fromages roquefort et gruyère (âgé), les oignons, les épinards cuits, la bière brune et noire et le scotch single malt.

L'AGNEAU, UNE VIANDE ROUGE RICHE EN… THYM!

Fait intéressant, le thymol – le composé volatil qui donne la plus importante signature aromatique au thym –, est aussi la principale molécule sapide de saveurs contenue dans la viande d'agneau. Cela explique l'utilisation séculaire du thym dans les recettes à base d'agneau.

Par contre, cela ébranle un brin l'idée de l'accord dit « classique » entre l'agneau et le vin rouge de Bordeaux, plus particulièrement de Pauillac… Donc, pour que l'harmonie ne soit pas que texturale – comme c'est le cas avec le pauillac –, servez plutôt des vins rouges du Bassin méditerranéen, marqués par des arômes de garrigue (dont le thym), et ce, même si la recette d'agneau ne contient pas de thym. Car l'agneau, lui, en contient déjà!

LE PORC, UNE VIANDE BLANCHE RICHE EN… NOIX DE COCO!

La saveur naturellement fruitée de la viande de porc est due à la présence de lactones, une famille de molécules actives s'exprimant par des tonalités d'abricot, de pêche et de noix de coco. Cela explique que les cuisiniers farcissent le rôti de porc d'abricots…

Cela confirme aussi l'union juste de cette viande avec les vins blancs aux parfums jouant dans cette sphère aromatique, comme le sont les crus rhodaniens et californiens à base de roussanne, ainsi que ceux plus exotiques, à base de viognier, tout comme avec certains rouges légèrement boisés – les parfums de la barrique étant, entre autres, marqués par des molécules de lactones (voir chapitre *Chêne et barrique*) –, à base de merlot ou de tempranillo. La connaissance de la structure moléculaire du porc vient aussi solidifier l'harmonie régionale entre un vieux jambon séché ibérique et un verre de xérès fino, tous deux pourvus en lactones (voir chapitre *Fino et oloroso*).

LES LACTONES

Ces molécules volatiles sont présentes dans plus de 120 produits alimentaires (fruits, légumes, produits laitiers, viandes, vins, eaux-de-vie), ce qui explique leur importance dans l'industrie des arômes. Elles sont en général à l'origine de notes aromatiques fruitées, lactées ou caramélisées. L'élevage en barriques de chêne (voir chapitre *Chêne et barrique*), préalablement brûlées, procure aux vins et aux eaux-de-vie qui y sont élevés de nombreuses lactones.

SCATOLE

GEWÜRZTRAMINER/GINGEMBRE/ LITCHI/SCHEUREBE

HISTOIRES DE FAMILLES... MOLÉCULAIRES!

> « Plus nous établissons d'interactions,
> mieux nous connaissons l'objet étudié. »
>
> JOHN DEWEY

L'étude scientifique de la structure aromatique des aliments et des vins permet quelquefois de révéler de surprenants secrets moléculaires de... famille!

Effectivement, lorsque l'on analyse le profil aromatique des composés volatils du litchi et du gingembre, tout comme des vins blancs de cépage gewürztraminer et scheurebe, on se rend rapidement compte qu'ils présentent de très grandes similitudes.

Afin de mieux les comprendre et de saisir l'interaction qui existe entre nos quatre protagonistes, je vous propose une étude en quatre thèmes : litchi et gewürztraminer (THÈME I), scheurebe et gewürztraminer (THÈME II), scheurebe et sauvignon blanc (THÈME III), gingembre, gewürztraminer et scheurebe (THÈME IV).

THÈME I
LITCHI ET GEWÜRZTRAMINER : DE VRAIS JUMEAUX!

S'il y a un arôme facilement reconnaissable dans les vins, c'est bien celui du litchi que l'on trouve dans le gewürztraminer.

Il faut dire que les vins de ce cépage sont si puissamment aromatiques qu'il faudrait, comme Louis de Funès dans une scène du délirant film *L'Aile ou la cuisse*, souffrir d'agueusie pour ne pas être en mesure d'y détecter ce pénétrant parfum de litchi, qui mélange des composés volatils aux tonalités aromatiques de fruits exotiques et de fleurs, dont la rose.

D'évidentes similarités ont été observées chez les composés volatils qui donnent l'arôme du litchi (frais et en conserve) et les parfums des vins blancs à base de gewürztraminer. Ces similarités font presque du litchi et du gewürztraminer des jumeaux monozygotes, donc identiques, comme s'ils étaient nés d'un seul ovule!

Pour leur part, le gewürztraminer et le cépage autrichien scheurebe semblent plutôt être des jumeaux dizygotes, donc non identiques (voir THÈME II).

LA STRUCTURE MOLÉCULAIRE DU LITCHI ET DU GEWÜRZTRAMINER

Le litchi et le gewürztraminer partagent une bonne douzaine de composés volatils : acétate de phényle (chocolat, fleurs, miel de fleurs sauvages), alcool de phényle (cacao, fleurs), ß-damascenone (pamplemousse, tequila), butanoate d'éthyle, cis-rose oxide, citronellol, furanéol, géraniol, hexanoate d'éthyle/isohexanoate d'éthyle, isobutyrate d'éthyle, linalol, vanilline.

Le cis-rose oxide (à la puissante odeur rose/litchi) est la plus forte signature aromatique du litchi et du gewürztraminer.

Il est suivi de très près par le linalol (un terpène à l'odeur florale de lavande/muguet) et le géraniol (à l'odeur complexe de rose/géranium, ainsi que de citronnelle/citron).

S'y ajoutent les ß-damascenone (aux notes de fruits exotiques/rose), furanéol (à l'odeur caramélisée de fraise/ananas et de barbe à papa/caramel), alcool de phényle (à l'odeur

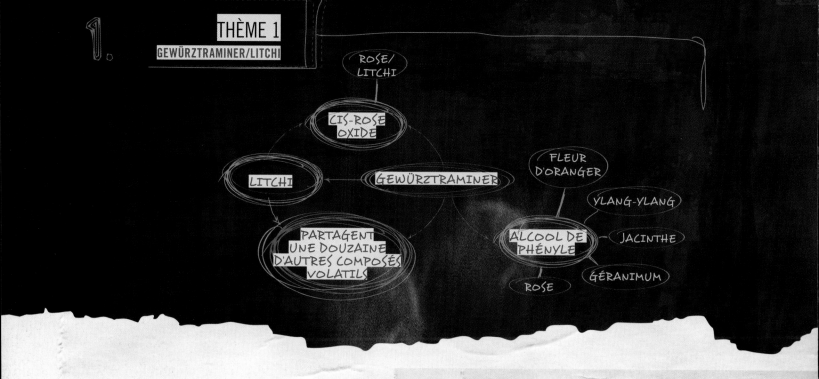

ROSE/
LITCHI

CIS-ROSE
OXIDE

LITCHI — GEWÜRZTRAMINER

FLEUR
D'ORANGER

YLANG-YLANG

PARTAGENT
UNE DOUZAINE
D'AUTRES COMPOSÉS
VOLATILS

ALCOOL DE
PHÉNYLE

JACINTHE

GÉRANIMUM

ROSE

rose/pêche, avec des nuances jacinthe/fleur d'oranger/ylang-ylang/géranium) et hexanoate d'éthyle (à l'odeur ananas/banane).

Si plusieurs molécules différentes (structurellement parlant) rappellent l'odeur des mêmes aliments ou ingrédients complémentaires, c'est parce que ces aliments ou ingrédients contiennent ces molécules et non parce qu'une même molécule possède plusieurs arômes.

Tout ces éléments se combinent pour créer le parfum pénétrant du litchi comme du gewürztraminer.

Dans le gewürztraminer, l'arôme de rose/litchi provoqué par le cis-rose oxide est appuyé par le linalol, le géraniol, l'acétate de phényle, et l'alcool de phényle, tous quatre des composés volatils aux tonalités aussi très florales. C'est ce qui renforce l'aspect floral du gewürztraminer et son pouvoir d'attraction harmonique avec les recettes dominées par des ingrédients aux mêmes propriétés florales.

LA CANNELLE ET LE GEWÜRZTRAMINER

Les vins de vendanges tardives à base de gewürztraminer sont souvent marqués par des arômes provenant de l'aldéhyde cinnamique (cannelle), de l'eugénol (clou de girofle), du linalol (fleurs), du cinéol (eucalyptus) et du camphre, tous des composés qui signent fortement l'identité de la cannelle, d'où l'union juste et reconnue entre cette dernière et les vins de gewürztraminer (voir chapitre *Cannelle*).

À TABLE AVEC LE LITCHI ET LE GEWÜRZTRAMINER

Le pouvoir d'attraction moléculaire étant très fort entre ces deux entités, il faut oser cuisiner des plats où le litchi est en vedette afin de réussir avec justesse et précision l'harmonie avec les vins à base de gewürztraminer.

Voici quelques idées de plats à base de litchis, tantôt salés, tantôt sucrés, à envisager en cuisine pour permettre l'union avec le gewürztraminer en mode sec ou vendanges tardives :

+ <u>Poulet aux piments et litchis</u>, **tartare de litchis aux épices** (recette dans le livre *À Table avec François Chartier*), barbe à papa au gingembre cristallisé servie sur une soupe de litchis, litchis au gingembre et salsa d'agrumes, panna cotta aux litchis et zestes de lime, salade d'ananas et de litchis parfumée au romarin.

+ Sans oublier le **granité aux litchis, crémeux yaourt au chocolat ivoire, pamplemousse rose, Campari et fleurs d'hibiscus**, conçu et réalisé avec maestria par Patrice Demers, maître ès desserts (voir recette à la page 105). Une symphonie de saveurs qui se déploient en de nombreuses strates, comme si cette recette avait été imaginée pour recréer le profil d'une vendange tardive de gewürztraminer, comme le grandissime et minéralisant Gewürztraminer Clos Windsbuhl Vendanges Tardives 2005 Alsace, Domaine Zind Humbrecht…

Pour saisir l'évidente attraction entre ces vrais jumeaux que sont le litchi et le gewürztraminer, il faut avoir tenté l'harmonie entre l'asiatique poulet aux piments et aux litchis, et un sec et prenant vin alsacien, comme c'est le cas du Gewürztraminer Wintzenheim 2005 Alsace, Domaine Zind Humbrecht, France, à la fois puissant, minéralisant et très épicé, à la texture ample et pleine, s'exprimant par des saveurs de litchi, d'ananas et de rose. Sa texture dense ne fait qu'un du feu des piments, tandis que s'opère le pouvoir d'attraction entre ses composés aromatiques et ceux du litchi.

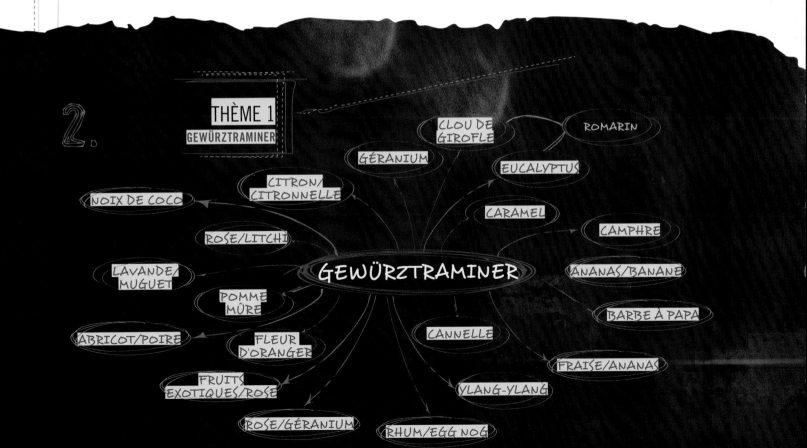

THÈME II
SCHEUREBE ET GEWÜRZTRAMINER : DES JUMEAUX DIZYGOTES

Le cépage autrichien scheurebe (aussi appelé sämling 88) est né d'un croisement botanique entre le riesling et un cépage inconnu. On a longtemps cru qu'il s'agissait du silvaner, mais, grâce à l'étude de l'ADN, la parenté du riesling a récemment été confirmée et celle du silvaner, du moins pour l'instant, écartée.

En effectuant ce croisement, en 1916, les Allemands voulaient engendrer un cépage plus aromatique, d'où mon idée du rapprochement moléculaire entre le scheurebe et le gewürztraminer, ce dernier pouvant fort bien s'avérer le deuxième géniteur inconnu du scheurebe...

Le cépage autrichien scheurebe n'en demeure pas moins, structurellement parlant, spécialement au niveau de ses composés les plus volatils, un jumeau du cépage gewürztraminer, disons un jumeau dizygote – qui est un faux jumeau né de deux ovules –, contrairement aux vrais jumeaux, dits monozygotes, car nés d'un seul ovule (ce qui semble être le cas du litchi et du gewürztraminer).

Pour vous convaincre du lien aromatique entre le scheurebe et le gewürztraminer, il suffit d'avoir dégusté les remarquables et hyper parfumés vins liquoreux autrichiens, à base de scheurebe, du regretté Aloïs Kracher, dont les nectars flirtent dans la sphère des plus nobles liquoreux de pourriture noble (*botrytis cinerea*) de ce monde, avec ceux d'Yquem, à Sauternes, d'Egon Müller, en Moselle et d'István Szepsy, à Tokaji.

Nul doute possible. Il y a bel et bien « photo » entre les arômes détectés chez ces deux vins autrichiens de scheurebe et ceux de certains vins alsaciens de gewürztraminer :

+ Scheurebe TBA No 4 « Zwischen den Seen » 2001 Burgenland, Kracher, Autriche Ce vin de scheurebe, élevé en cuve inox pendant 18 mois, contient 203,6 grammes de sucres résiduels par litre et 11 % d'alcool. D'une couleur vieil or italien, aux reflets orangés, d'un nez à la fois subtil et explosif, aux intrigants arômes de fumée, de fraise/ananas, de fruit de la passion et de litchi – on ne peut plus gewürztraminer ! –, à la bouche nerveuse, élancée, droite et giclante, avec un moelleux magnifiquement équilibré par une acidité décapante, rappelant les plus grandes sélections de grains nobles alsaciennes.

Servi lors du lancement médiatique de *La Sélection Chartier 2006*, au restaurant *Utopie* à Québec – avec une panna cotta au roquefort, trois fruits en pâte acidulée, insertion de caramel au vieux vin et élévation aléatoire de bâtonnets à trois saveurs, signée par le chef équilibriste Stéphane Modat –, ce vin coup de cœur avait créé une vibrante harmonie avec ce « fromage-dessert » (les fromages bleus étant pourvus de certains composés chimiques présents dans le gewürztraminer et le scheurebe), sans compter qu'il aura été une grande découverte pour de nombreux convives.

+ Scheurebe TBA No 9 « Zwischen den Seen » 2001 Burgenland, Kracher, Autriche Une sélection pure grains nobles de scheurebe. Ce vin, fermenté et élevé pendant 18 mois en cuve inox, a mis plus de deux ans pour achever sa fermentation, qui s'est terminée à 5,5 % d'alcool seulement. Malgré ses 317 grammes de sucres résiduels, ce vin ultra-confit et liquoreux à souhait démontre une fraîcheur inusitée pour un blanc provenant de raisins aussi mûrs. La robe dorée est suivie par un nez puissant de gingembre confit, de litchi et de poivre blanc, à la manière d'un grand gewürztraminer alsacien... La bouche déroule son tapis de sucre, mais comme sur un tapis volant, dans un style étonnamment aérien et élancé. Le savoir-faire du défunt Aloïs Kracher résidait justement dans ce jeu d'équilibriste où le sucre et l'acidité trouvent leur point de félicité. Chapeau bas !

Imaginez maintenant ce vin servi avec un tartare de litchis aux épices, une recette publiée dans le livre *À Table avec François Chartier*. Épices et litchis, des compagnons de choix pour vous permettre la communion avec un tel cru.

UNE SUBTILE DIFFÉRENCIATION AROMATIQUE...

Pourquoi ne sont-ils pas des jumeaux identiques comme le sont le litchi et le gewürztraminer ? La réponse réside dans le dépistage de deux marqueurs aromatiques qui singularisent chacun des deux cépages.

Chez le gewürztraminer, la molécule aromatique cis-rose oxide, à l'odeur puissante de rose/litchi, signe sa singularité, ce composé étant absent des vins de scheurebe.

Le scheurebe signale son identité par la présence du 4-mercapto-4-methylpentan-2-one (ce dernier étant absent des vins de gewürztraminer), un composé soufré de la famille des thiols, à l'odeur complexe jouant dans la sphère du buis, du cassis, du pamplemousse rose et du fruit de la passion (voir Thème III pour plus de détails sur ce composé volatil).

Il faut savoir que le 4-mercapto-4-methylpentan-2-one, présent dans certains vins de cépage scheurebe, a été découvert par l'équipe de l'œnologue et professeur bordelais Denis Dubourdieu, lors de recherches effectuées sur le cépage sauvignon blanc – ce qui explique aussi un certain lien entre ces deux cépages (voir Thème III).

La majorité des autres composés aromatiques dénichés chez nos deux jumeaux non identiques sont présents dans les vins des deux cépages, ce qui n'est pas le cas du cis-rose oxide, unique au gewürztraminer, et du 4-mercapto-4-methyl-pentan-2-one, relié au scheurebe.

LA STRUCTURE MOLÉCULAIRE DU GEWÜRZTRAMINER ET DU SCHEUREBE

Voici les composés aromatiques – tous dans la sphère des tonalités fruitées/florales, ainsi que sucrées/boisées – que les deux cépages partagent et qui font d'eux, sur le plan moléculaire, des jumeaux, du moins non identiques :

+ **Acétate d'isoamyle** (odeur de banane, présente aussi dans la pomme mûre)
+ **ß-damascenone** (caroténoïdes à l'odeur fruitée/florale) : odeur de fruits exotiques (fruit de la passion, mangue, kiwi, carambole), ainsi que de rose, de tabac et de thé noir que l'on trouve aussi dans l'abricot, la framboise, la mûre, le rhum et le vin.

Lors de son vieillissement, la bière développe une tonalité florale/fruitée provenant de la formation de ß-damascenone.

+ **Butanoate d'éthyle** (un ester à l'odeur d'ananas/pomme/tutti frutti, aussi utilisé pour aromatiser artificiellement certains alcools et cocktails comme le martini et le daïquiri)
+ **Hexanoate d'éthyle** (odeur sucrée et cireuse, ananas, banane verte)
+ **Isobutyrate d'éthyle** (odeur éthérée, sucrée et fruitée, avec des nuances de rhum et d'eggnog)
+ **Linalol** (un alcool terpénique à l'odeur de lavande/muguet, aussi le principal composé de la bergamote, le bois de rose, la menthe, les agrumes et la cannelle)
+ **Octanoate d'éthyle** (odeur fruitée et cireuse, banane, abricot, poire, brandy)
+ *Wine lactones* (odeurs sucrées intenses, boisées, noix de coco/abricot/pêche)

THÈME III
SCHREUREBE : PROCHE COUSIN DU SAUVIGNON BLANC ?

Dans le scheurebe, selon le degré de puissance auquel s'exprime le 4-mercapto-4-methylpentan-2-one – jouant dans la sphère du buis, du cassis, du pamplemousse rose et du fruit de la passion –, le scheurebe sera perçu soit comme un cousin du sauvignon blanc, soit comme un jumeau non identique du gewürztraminer.

Lorsque les autres composés aromatiques du scheurebe dominent sur le 4-mercapto-4-methylpentan-2-one, il devient plus floral/litchi, faisant ainsi de lui le jumeau dizygote du gewürztraminer que l'on sait. D'où le choix d'harmonies relatives au gewürztraminer pour ce type de scheurebe au profil plus floral/litchi.

Le scheurebe devient cependant un proche cousin du sauvignon blanc si le 4-mercapto-4-methylpentan-2-one domine sur les autres constituants, laissant émaner les notes liées au vin de sauvignon blanc (buis/groseille/cassis/pamplemousse/fruit de la passion).

On retrouve aussi dans le sauvignon blanc le 3-mercapto-hexan-1-ol et le 3-mercaptohexyl acétate, de la même famille de composés que l'on trouve en proportions variables dans le gewürztraminer, le riesling, le colombard et le petit manseng. Le 3-mercaptohexan-1-ol est présent dans le fruit de la passion alors que le 3-mercaptohexyl acétate rappelle le fruit de la passion et le buis.

Avec les vins de scheurebe dont le profil aromatique joue dans la sphère du 4-mercapto-4-methylpentan-2-one, aux arômes de buis, de cassis, de groseille, de pamplemousse rose et de fruit de la passion, il est donc souhaitable de diriger l'harmonie à table avec des plats habituellement proposés pour les vins de sauvignon blanc vendanges tardives (*late harvest*) ou pour les sauternes, et leurs voisins, en sélectionnant ceux où une forte proportion de sauvignon blanc entre dans l'assemblage.

THÈME IV
GINGEMBRE, GEWÜRZTRAMINER ET SCHEUREBE : UN *TRIP* À TROIS ?

Le gingembre (voir ce chapitre) contient de multiples composés volatils qui lui procurent avant tout des tonalités florales, agrumes, boisées et camphrées, à l'image aromatique du gewürztraminer et de son dizygote de jumeau le scheurebe, du moins lorsqu'il est en mode litchi/rose.

Ils partagent tous trois les dominants composés aromatiques suivants : linalol, géraniol, camphène, géranial, néral, limonène.

En raison de ce haut pouvoir d'attraction moléculaire, ces jumeaux deviennent les cépages ayant le plus haut taux de liaison harmonique avec les plats dominés par le gingembre, de même qu'avec les ingrédients complémentaires à ce dernier, comme c'est le cas, entre autres, pour le curcuma, la cardamome et le galanga (voir le détail des autres ingrédients complémentaires dans le chapitre *Gingembre*)

Imaginez l'union lorsque le gingembre et ses ingrédients complémentaires sont accompagnés du litchi! On atteint littéralement le nirvana de l'harmonie familiale!

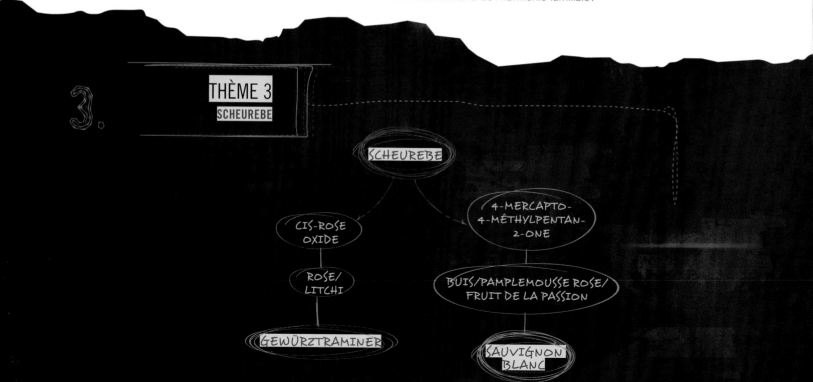

THÈME 3
SCHEUREBE

SCHEUREBE

CIS-ROSE OXIDE

4-MERCAPTO-4-MÉTHYLPENTAN-2-ONE

ROSE/LITCHI

BUIS/PAMPLEMOUSSE ROSE/FRUIT DE LA PASSION

GEWÜRZTRAMINER

SAUVIGNON BLANC

RÉSUMÉ

JUMEAUX IDENTIQUES

LITCHI/
GEWÜRZTRAMINER

CIS-ROSE
OXIDE

ROSE/
LITCHI

ALCOOL DE
PHÉNYLE

ROSE

GÉRANIMUM

FLEUR
D'ORANGER

PLUS UNE
DOUZAINE DE
COMPOSÉS

JUMEAUX DIZYGOTES

SCHEUREBE/
GEWÜRZTRAMNINER

MÊMES
COMPOSÉS SAUF
DEUX SINGULIERS

4-MERCAPTO-
4-MÉTHYLPEN-
TAN-2-ONE

CIS-ROSE OXIDE

TRIPLETS MOLÉCULAIRES

GINGEMBRE/
SCHEUREBE/
GEWÜRZTRAMINER

PARTAGENT
DE NOMBREUX
COMPOSÉS VOLATILS
PROCHES PARENTS

QUELQUEFOIS COUSINS...

SCHEUREBE/
SAUVIGNON
BLANC

4-MERCAPTO-
4-MÉTHYLPENTAN-
2-ONE

MÊME COMPOSÉ
DOMINANT À
L'OCCASION

GRANITÉ AUX LITCHIS, CRÉMEUX DE YAOURT AU CHOCOLAT IVOIRE, PAMPLEMOUSSE, CAMPARI ET HIBISCUS

RECETTE CONÇUE ET RÉALISÉE PAR PATRICE DEMERS, MAÎTRE ÈS DESSERTS

GRANITÉ AUX LITCHIS, CRÉMEUX DE YAOURT AU CHOCOLAT IVOIRE, PAMPLEMOUSSE, CAMPARI ET HIBISCUS

GELÉE DE CAMPARI

+ 200 g de jus de pamplemousse (NDLR : idéalement rose)
+ 60 g de sucre
+ 3 feuilles de gélatine préalablement réhydratées
+ 75 g de Campari

Dans une petite casserole, amener à ébullition le jus de pamplemousse et le sucre. Retirer du feu, écumer les impuretés, ajouter la gélatine et le Campari. Verser dans un petit contenant légèrement huilé et recouvert de pellicule plastique. Laisser figer au froid au moins 8 heures.

CROQUANT D'HIBISCUS

+ 350 g de pommes vertes pelées, évidées
  et coupées en dés
+ 150 g d'eau
+ 100 d'isomalt
+ 3 c. à soupe d'hibiscus séché
+ 1 blanc d'œuf

Dans une petite casserole, cuire les pommes, l'eau, l'isomalt et l'hibiscus à feu moyen jusqu'à ce que les pommes soient bien tendres. Réduire en purée bien lisse au malaxeur et passer au chinois étamine. Laisser tempérer complètement et ajouter le blanc d'œuf. Étendre sur un tapis de silicone et cuire à 110°C environ 1 heure jusqu'à ce que les chips soient parfaitement sèches. Conserver dans un contenant hermétique.

PAMPLEMOUSSE

+ pamplemousses (NDLR : pamplemousses roses de
  préférence, dans l'éventualité d'un accord avec un vin à
  base de gewürztraminer)
+ 100 g de sucre
+ 200 g d'eau

Peler à vif les pamplemousses et lever les suprêmes. Couper chaque suprême en 3. Réaliser un sirop avec l'eau et le sucre et le verser sur les pamplemousses. Conserver au froid.

CRÉMEUX YAOURT AU CHOCOLAT IVOIRE

+ 150 g de crème
+ 240 g de chocolat ivoire
+ 215 g de yaourt méditerranéen

Dans une casserole, amener la crème à ébullition et verser sur le chocolat dans un cul-de-poule. Laisser reposer 1 minute et émulsionner au fouet. Lorsque le chocolat est bien incorporé, ajouter le yaourt, bien mélanger et laisser figer au froid pour au moins 8 heures.

GRANITÉ AUX LITCHIS

+ 250 g de purée de litchis
+ 25 g de sucre
+ 5 g de jus de citron

Chauffer le sucre avec le $\frac{1}{3}$ de la purée, retirer du feu et ajouter le reste de la purée et le jus de citron. Laisser figer au congélateur.

MONTAGE

Garnir des bols avec des morceaux de pamplemousse et des cubes de gelée. Couvrir d'une couche de crémeux yaourt au chocolat ivoire à l'aide d'une poche à pâtisserie. Ajouter le granité aux litchis et garnir de chips d'hibiscus, de pétales de fleurs comestibles (NDLR : idéalement de rose, lavande, géranium ou osmanthus, dans l'éventualité d'un accord avec un vin à base de gewürztraminer), ainsi que de poudre de roses sauvages (un produit québécois, que l'on peut trouver à la boutique Olives et Épices).

Il faut aussi oser jouer cette recette, qui est à mon sens une réplique d'un grand liquoreux alsacien de gewürztraminer, tout comme certains autrichiens à base de scheurebe, en ajoutant ou en interchangeant soit du gingembre, de la citronnelle, de l'eau de rose, de la fleur d'oranger, de la lavande, des fleurs d'osmanthus ou encore le duo moléculaire ananas/fraise.

ANANAS ET FRAISE

UN ÉTRANGE DESTIN CROISÉ

« Les nouvelles idées sont toujours suspectées et généralement combattues, pour la seule raison qu'elles ne sont pas encore répandues. »

JOHN LOCKE

Des recherches en biologie moléculaire ont démontré que l'ananas et la fraise, malgré leurs grandes différences de couleur et de structure, partagent plusieurs composés volatils s'exprimant par de nombreuses molécules aromatiques identiques.

Cela explique l'étrange familiarité aromatique lorsque l'on déguste l'ananas et la fraise l'un après l'autre, les yeux bandés, et plus particulièrement lorsqu'ils sont tous deux très mûrs ou cuits!

Étudions maintenant le destin croisé des « jumeaux moléculaires » que sont l'ananas et la fraise, ainsi que des vins qui devraient maintenant plus que jamais être en liaison parfaite avec les mets dominés par cet inséparable duo.

L'ANANAS

La saveur de l'ananas (*Ananas sativus*) – dont le nom vient de nana, pour « parfum », en langue amérindienne –, à la fois intensément sucrée et avec une finale pouvant être vivement acidulée, est composée de multiples composés aromatiques.

On y trouve avant tout l'eugénol, à l'odeur de clou de girofle, la vanilline, à l'arôme de vanille, des esters fruités, aux parfums d'ananas et de basilic, des composés oxygénés de carbone cyclique, dont le furanéol, lequel s'exprime par des tonalités jouant dans la sphère du caramel, et d'autres composés au profil aromatique de type « xérès », rappelant le xérès amontillado, ainsi que l'oloroso.

S'ajoute à ces composés aromatiques dominants, lorsque le fruit est en état de surmaturité, une touche quasi animale, au profil « viandé ». Comme chez les autres fruits, le parfum de l'ananas est aussi dominé par des esters, dont le butanoate d'éthyle (aussi appelé butyrate).

On y trouve aussi le pentanone, à l'odeur de vin et d'acétone, aussi présent dans les eaux-de-vie élevées en barriques, la banane, les agrumes et le raisin. Enfin, l'ananas contient du propanoate d'éthyle, un ester fruité à forte odeur d'ananas/fraise.

L'ananas partage avec la fraise, comme vous le constaterez dans la section consacrée à la fraise, les composés volatils responsables de différentes notes aromatiques : le furanéol (odeur de caramel), l'eugénol (clou de girofle) et certains esters fruités (ananas/fraise).

Fait intéressant, les molécules volatiles de l'ananas et de la fraise, ainsi que de la vanille et du romarin, sont aussi composées, entre autres, d'une bonne dose d'eugénol, ce qui les rapproche étroitement du clou du girofle et des vins qui lui siéent bien. La tonalité girofle (voir chapitre *Clou de girofle*), est particulièrement perceptible lorsque l'ananas et la fraise sont très mûrs.

Un plat cuisiné avec l'ananas, la fraise, le romarin, la vanille ou le girofle devrait trouver une piste harmonique intéressante avec les vins marqués par l'eugénol et recommandés pour les plats dominés par le clou de girofle et par la vanilline – la vanilline étant de nos jours synthétisée à partir de l'eugénol du clou de girofle.

COMPOSÉS VOLATILS
ANANAS ET FRAISE

ARÔME « VIANDÉ »
ARÔME « XÉRÈS »
PROPANOATE
D'HÉTHYLE
PENTANONE
VANILLINE

ANANAS

ESTERS FRUITÉS
FURANÉOL
EUGÉNOL
BUTANOATE
D'ÉTHYLE
ODEUR TYPÉE
« RAISIN »

FRAISE

CINNAMATE D'ÉTHYLE
PENTENAL
ODEUR « RAISIN SAUVAGE »
ODEURS VÉGÉTALES/
FEUILLE VERTE

L'étrange destin croisé entre l'ananas et la fraise, qui fait presque d'eux des «jumeaux moléculaires», nous donne un nouveau diapason harmonique pour réussir plus justement des harmonies à table entre les plats qui en sont composés et les vins qui doivent les accompagner.

L'ANANAS; UN ATTENDRISSEUR DE VIANDE!

L'ananas – tout comme la papaye, le melon, le kiwi et le gingembre frais –, contient une enzyme particulière, la broméline, qui a le pouvoir d'attendrir les viandes en brisant la gélatine contenue dans ces dernières. Pour utiliser l'ananas (et les autres ingrédients nommés) dans les desserts ou les plats salés où il y a de la gélatine, il faut impérativement cuire l'ananas d'abord, afin de neutraliser ses enzymes. Sinon la gélatine ne tiendra pas…

L'ANANAS (ET/OU LA FRAISE) AVEC LES VINS

Les plus importantes molécules responsables de l'arôme d'ananas dans les vins sont, entre autres, le butanoate d'isoamyle (odeur de pomme) et le butanoate d'éthyle (odeur d'ananas), deux esters qui s'entremêlent pour signer le profil « ananas ».

Les sauternes, et leurs voisins (cadillac, loupiac, sainte-croix-du-mont), exhalent de façon intense un parfum où l'ananas peut être omniprésent – tout comme la vanille et le girofle, tous deux dotés des mêmes composés aromatiques que l'ananas.

On comprend alors l'harmonie de ces vins liquoreux avec les plats salés ou sucrés, ou encore salés-sucrés, à l'image d'un magret de canard accompagné d'une duxelles d'ananas caramélisé à la vanille (ou au clou de girofle). Même chose avec les desserts composés d'ananas rehaussés de fraises, de vanille ou de girofle.

Chez les blancs secs, le chardonnay est LE cépage le plus richement pourvu en tonalités exotiques rappelant l'ananas. Les chardonnays de climat frais, comme ceux de Chablis, exhalent le parfum de l'ananas très frais et peu mature, tandis que le chardonnay de climat chaud, comme ceux de l'Australie, de la Californie et du Chili, exprime plutôt l'ananas très mûr et les ananas dans le sirop en conserve.

Chez les blancs secs, il y a aussi le jurançon sec et le pacherenc-du-vic-bilh sec – élaborés en moelleux et qui s'unissent très bien à l'ananas/fraise –, à base, entre autres, des cépages petit et gros mansengs. Ils exhalent presque à tout coup une tonalité complexe jouant dans la sphère des nombreux composés aromatiques de l'ananas et de la fraise mûre, ainsi que de leurs ingrédients complémentaires : la vanille et le girofle.

Toujours chez les vins blancs secs, ceux au parfum de curry, tels les vins du Jura, autant le chardonnay que le savagnin, ainsi que les crus du Rhône, à base de marsanne et de roussanne, s'interpénètrent admirablement avec les plats composés d'ananas.

ANANAS ET CURRY

Il y a un lien naturel entre l'ananas et le curry, d'où la présence d'ananas dans certains currys indiens... L'ananas développe, pendant la cuisson, plus particulièrement lors de sa caramélisation, des molécules volatiles de la famille du sotolon. Font aussi partie de cette famille le curry, les graines de fenugrec grillées, la sauce soya et les vins liquoreux nés sous l'action de la pourriture noble (*botrytis cinerea*), comme le sauternes (voir chapitre *Sotolon*). Ceci explique cela !

Enfin, comme l'ananas très mûr est riche de composés oxygénés de carbone cyclique, comme le furanéol, lequel s'exprime par des tonalités jouant dans la sphère du caramel et des xérès (amontillado et oloroso), il devient tout à fait intéressant de créer l'harmonie entre ces vins espagnols et un dessert liant le caramel à l'ananas, comme une tarte Tatin à l'ananas (ou aux fraises!), rehaussée par le girofle et/ou la vanille.

Dans l'univers des plats salés-sucrés, le traditionnel jambon à l'ananas, habituellement glacé à la cassonade ou à l'érable, donc riche en notes caramélisées, s'unit formidablement bien avec un pénétrant xérès, un montilla-moriles de type olorose, tout comme avec un jurançon moelleux. Et ce, même si vous remplacez l'ananas de ce jambon par des fraises !

Lorsque la fraise et l'ananas entrent en jeu dans un plat nécessitant un rouge, optez surtout pour les cuvées espagnoles (élevées en barriques de chêne, donc marquées par l'eugénol et la vanilline) à base soit de garnacha (Priorat, Campo de Borja, Cariñena), soit d'un assemblage tempranillo/garnacha (Rioja Baja), soit de cépage mencia (Bierzo).

Vous pouvez aussi compter sur les vins rouges à base de touriga nacional (Portugal), de pinot noir du Nouveau Monde (Californie, Nouvelle-Zélande), de zinfandel (Californie) ou de petite sirah (Mexique).

REMPLACER L'ANANAS PAR LA FRAISE ?

Comme l'ananas partage de nombreuses molécules aromatiques avec la fraise (ce que vous verrez plus en détail dans la partie suivante consacrée à la fraise), faisant presque de ces fruits des « jumeaux moléculaires », n'oubliez pas que si, dans vos recettes, vous remplacez l'ananas par la fraise, les mêmes vins seront de mise.

LA FRAISE

La variété de fraise la plus cultivée en Amérique est un hybride qui porte le nom scientifique de *Fragaria x ananassa*. Son nom composé, dans lequel intervient *ananassa*, pour « ananas », lui a justement été donné, à la fin du XVIIIe siècle, par ses créateurs qui avaient remarqué que ses parfums rappelaient ceux de l'ananas!

La majorité des fraises cultivées de nos jours dérivent de cet hybride européen, à base de deux espèces américaines, créé accidentellement en Grande-Bretagne en 1750. La note aromatique d'ananas que l'on trouve en général dans la fraise mûre provient d'esters fruités, de composés soufrés et d'un composé oxygéné, le furanéol.

La molécule responsable de l'arôme de la fraise très mûre est justement ce furanéol, composé aromatique de l'arôme de caramel qui s'exprime aussi dans l'ananas mûr. La composition aromatique de la fraise est ainsi marquée, comme l'ananas, par des notes de feuille verte, de caramel, d'ananas, de clou de girofle et de raisin sauvage (Concorde).

La fraise partage avec l'ananas les molécules volatiles responsables de certaines notes aromatiques : furanéol (odeur de caramel), eugénol (clou de girofle) et quelques esters fruités (ananas/fraise).

On trouve aussi dans la fraise les composés volatils suivants : pentenal (à l'odeur végétale de pomme/orange/fraise/tomate; présent aussi dans le cognac), butanoate d'éthyle (aussi appelé butyrate d'éthyle, à l'odeur d'ananas) et cinnamate d'éthyle.

Le cinnamate d'éthyle est un ester de l'acide cinnamique, présent dans la cannelle, à l'odeur de cannelle/balsamique/miel, et au goût sucré d'abricot/pêche, aussi présent dans le galanga, la fraise et l'ananas, le poivre de Sichuan, certaines variétés de basilic et l'eucalyptus olida.

L'eucalyptus olida, une variété cultivée en Australie, porte aussi le nom anglo-saxon évocateur de *strawberry gum*... contient un pourcentage très élevé de cinnamate d'éthyle, utilisé pour reproduire l'arôme de fraise ou de cannelle dans l'industrie alimentaire et en parfumerie.

ALIMENTS COMPLÉMENTAIRES
ANANAS/FRAISE

ABRICOT,
AGRUMES
BANANE
BASILIC
CANNELLE
CARAMEL
CLOU DE GIROFLE
CURCUMA
CURRY
EAUX-DE-VIE ÉLEVÉES
EN BARRIQUES (COGNAC)

EUCALYPTUS
ANANAS ET/OU FRAISE
GALANGA
GINGEMBRE
GRAINES DE FENUGREC
GRILLÉES
MIEL
PÊCHE
POIVRE DE GUINÉE
POIVRE DE SICHUAN
POMME

RAISIN CONCORDE
ROMARIN
SAUCE SOYA
SIROP D'ÉRABLE
TOMATE
VANILLE
VINAIGRE BALSAMIQUE
XÉRÈS AMONTILLADO ET
OLOROSO

VINS COMPLÉMENTAIRES
ANANAS/FRAISE

CADILLAC
SAINTE-CROIX-DU-MONT
SAUTERNES ET SES VOISINS
LOUPIAC
CHABLIS
ZINFANDEL
JURANÇON SEC/MOELLEUX
JURA
PETITE SIRAH
VINS ROUGES ÉLEVÉS EN BARRIQUES
NOUVEAU MONDE
CHARDONNAY
NOUVEAU MONDE
PINOT NOIR
ANANAS/FRAISE
PACHERENC-DU-VIC-BILH SEC/MOELLEUX
BIERZO
MENCIA
GARNACHA
RIOJA
PRIORAT
SAVAGNIN
XÉRÈS
ROUSSANNE/MARSANNE
RHÔNE
MONTSANT
OLOROSO
JURA
AMONTILLADO
AUSTRALIE
LANGUEDOC

JAMBON GLACÉ AUX FRAISES

INTERCHANGER L'ANANAS ET LA FRAISE...

En conclusion, comme l'ananas et la fraise partagent une grande partie de leurs molécules aromatiques, il est facile de remplacer l'ananas par la fraise dans les recettes et de réussir l'harmonie avec les vins qui sont prescrits pour l'union avec l'ananas.

Amusez-vous à créer un jambon glacé aux fraises (au lieu de l'ananas), un sauté de porc aux fraises ou une tarte Tatin aux fraises... Le contraire est aussi envisageable avec les recettes où la fraise est présente, comme dans la tarte aux fraises et à la rhubarbe, devenue tarte à l'ananas et à la rhubarbe. Osez remplacer la fraise par l'ananas, tout en sélectionnant le même type d'harmonie suggéré. Vous cuisinerez ainsi un shortcake à l'ananas et chantilly parfumée au romarin !

TRUC DU SOMMELIER-CUISINIER

Ananas parfumés au fenouil et à l'anis étoilé façon Ferran Adrià Démontrez à vos convives que certaines idées mises au point dans l'atelier du célèbre Ferran Adrià et publiées dans le remarquable et très accessible livre *A Day at elBulli* (Phaidon), sont des plus faciles à réaliser. Pour preuve, la recette – née de la réflexion sur les méthodes d'infusion, sans liquide – de morceaux d'ananas parfumés au fenouil et à l'anis étoilé. Elle est faite sur mesure pour s'interpénétrer avec les molécules aromatiques de l'ananas, tout comme avec les composés volatils de la famille des anisés, comme on en trouve dans les vins de sauvignon blanc ou de petit manseng, ainsi que dans le fenouil et l'anis étoilé.

Dans un récipient hermétique, déposez une couche de feuillage de fenouil frais et quelques étoiles de badiane. Placez dessus des bâtonnets d'ananas frais. Terminez avec une autre couche de fenouil frais et d'étoiles de badiane. Refermez et laissez reposer pendant sept heures. En comme je le dis depuis le début du chapitre, n'hésitez pas à remplacer l'ananas par la fraise ! Servez sur le même nid de fenouil et sentez l'harmonie éclater de tous ses feux sur vos papilles lors de la rencontre avec un exotique, épicé, moelleux et subtilement anisé jurançon, comme la superbe cuvée Symphonie de Novembre 2004 Jurançon, Domaine de Cauhapé, France.

ABRICOT
ANANAS
ASPERGE CUITE
BASILIC SAU-
VAGE
BASILIC THAÏ
BIÈRE
BŒUF GRILLÉ
BOUTONS DE
ROSE SÉCHÉS
CAFÉ
CANNELLE
CLÉMENTINES
CURCUMA
FRAISE
MANGUE
MOZZARELLA
NOISETTE
NOIX DE COCO
GRILLÉE
OIGNON MAUVE
PAIN GRILLÉ
PAIN D'ÉPICE
QUATRE-ÉPICES
ROMARIN
SCOTCH
SIROP
D'ÉRABLE
VANILLE

CLOU DE
GIROFLE

ACÉTYLEUGÉNOL

ODEURS CHAUDES
ET SUCRÉES

CLOU DE GIROFLE

L'ÉPICE DE LA BARRIQUE !

« Toute science est une connaissance certaine et évidente. »
RENÉ DESCARTES

À table, certains ingrédients se révèlent de véritables «sésame, ouvre-toi», ce qui est le cas du clou de girofle. Ces ingrédients nous mènent droit vers le nirvana harmonique. Rappelons que dès qu'un ingrédient domine dans une recette, l'harmonie peut être facilement envisagée avec le type de vin qui s'y lie parfaitement.

Pour y parvenir, voici de nouvelles clés harmoniques qui provoqueront d'intenses rencontres épicées avec le redoutable clou de girofle, ainsi qu'avec ses ingrédients complémentaires et les vins qui siéent bien à cette épice qui ne laisse personne indifférent et qui a une étonnante filiation avec les vins élevés en barriques de chêne!

L'ORIGINE ET LA COMPOSITION MOLÉCULAIRE DU CLOU DE GIROFLE

Le clou de girofle est le bouton floral du giroflier, de la famille des myrtacées – dans laquelle on compte l'eucalyptus, le myrte et le goyavier. On cultive le giroflier surtout sur l'île de Zanzibar, et sa voisine Pemba, qui est de loin le plus gros producteur de clou de girofle. Avec des productions moins généreuses, suivent la Guadeloupe, l'Indonésie (qui en est le plus gros consommateur), Madagascar, la Martinique, l'île Maurice, La Réunion et les Seychelles.

LA STRUCTURE MOLÉCULAIRE DU CLOU DE GIROFLE

Le clou de girofle est l'épice qui contient la plus forte concentration en composés aromatiques. Il peut contenir, lorsqu'il est très frais et de noble origine, jusqu'à 20 % de son poids moléculaire en huiles essentielles. C'est énorme! C'est d'ailleurs ce qui explique sa saveur prenante et persistante.

On y trouve de 70 à 90 % d'eugénol (odeur principale du clou de girofle) et de 3 à 12 % de bêtacaryophyllène (à l'odeur boisée).

S'y ajoutent 2 à 3 % d'acétyleugénol (odeur chaude et sucrée), 2 % d'acide oléanique (famille des triterpènes à l'odeur de conifère), ainsi que quelques traces de vanilline (odeur de vanille) et de furfurals – contenus dans le bran de scie et le sirop d'érable, atteignant des teneurs importantes dans les vins élevés en fûts de chêne. Les odeurs pénétrantes des furfurals jouent dans des tonalités complexes à la fois sucrées/boisées/caramélisées/noisettées, avec des nuances de pain grillé, de brûlé, de café.

L'eugénol (clou de girofle) est aussi le composé volatil dominant dans le basilic thaï (70 % de son contenu volatil), le basilic sauvage (60 %), l'orge maltée – donc aussi dans la bière et le scotch –, l'abricot, l'ananas, l'asperge cuite, le bœuf grillé, la cannelle, la fraise, la mangue fraîche, la mozzarella, la pomme de terre et le romarin.

LA BARRIQUE DE CHÊNE

L'eugénol, le composé volatil dominant du clou de girofle, est l'une des principales signatures aromatiques apportées par le chêne des barriques (voir chapitre *Chêne et barrique*)

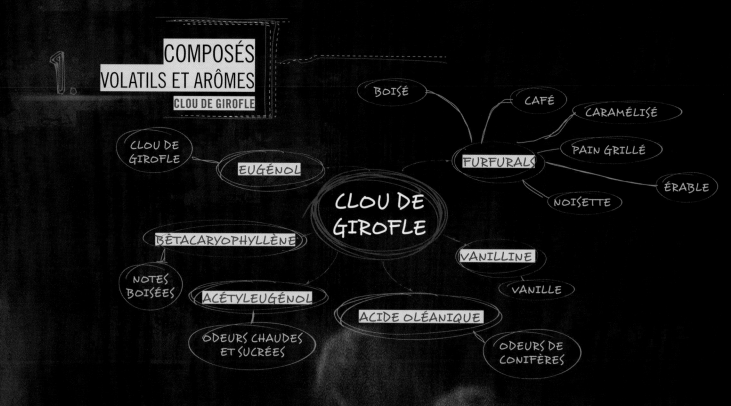

COMPOSÉS VOLATILS ET ARÔMES
CLOU DE GIROFLE

1.

- CLOU DE GIROFLE — EUGÉNOL
- BÊTACARYOPHYLLÈNE — NOTES BOISÉES
- ACÉTYLEUGÉNOL — ODEURS CHAUDES ET SUCRÉES

CLOU DE GIROFLE

- FURFURALS
  - BOISÉ
  - CAFÉ
  - CARAMÉLISÉ
  - PAIN GRILLÉ
  - ÉRABLE
  - NOISETTE
- VANILLINE — VANILLE
- ACIDE OLÉANIQUE — ODEURS DE CONIFÈRES

préalablement « brûlées », et l'une des plus caractéristiques – du moins à mon nez! Il domine spécialement dans les vins élevés dans le chêne français des forêts du Centre, ainsi que dans le chêne russe. Même si le chêne américain engendre moins d'eugénol, les vins qui y séjournent se montrent aussi très souvent marqués, aromatiquement parlant, par le clou de girofle.

Puisqu'il y a aussi dans le clou de girofle des traces de molécules aromatiques comme le furfural (composé volatil contenu, entre autres, dans la barrique de chêne et le bran de scie), le bêtacaryophyllène (molécule à l'odeur boisée) et de vanilline (un des principaux composés contenus dans le chêne des barriques), le lien aromatique de cette épice

est ainsi renforcé avec les vins ayant été élevés en barriques de chêne.

Avec son odeur très puissante et sensuelle, le girofle s'unit aux vins rouges chaleureux et pénétrants, tout particulièrement à certains crus d'Espagne richement pourvus en eugénol.

Les compagnons du clou de girofle sont avant tout les rouges espagnols à base de garnacha (grenache), provenant des zones du Priorat, de la Rioja Baja, de Campo de Borja et de Cariñena, ainsi que ceux à base de tempranillo, issus de la Rioja, de Toro et de la Ribera del Duero, sans oublier ceux du cépage mencia, cultivé à Bierzo.

Les vins portugais de touriga nacional, cépage du Douro, n'y font pas exception, tout comme de nombreux pinots noirs, qu'ils soient de Bourgogne ou de Nouvelle-Zélande. Peu importe le choix d'origine du chêne des barriques, certains cépages, comme le grenache, le mencia (Bierzo) et le pinot noir, semblent souvent imprégnés par la marque aromatique du girofle, qui provient probablement des lignines des rafles.

Même phénomène du côté des assemblages rhodaniens et australiens de grenache/mourvèdre/syrah (GSM). Le chêne américain parfume aussi de tonalités épicées « clou de girofle/vanille » de nombreux rouges californiens et mexicains, plus particulièrement ceux à base de zinfandel et de petite sirah.

CRÉATIVITÉ AUTOUR DE L'EUGÉNOL

Lors de deux événements, sous le thème « Repas harmonique à cinq mains et dégustation moléculaire » (voir chapitre *Expériences d'harmonics et sommellerie moléculaires*), présentés au restaurant Utopie, à Québec, les 12 et 13 mars 2009, j'ai exposé certains résultats de mes travaux harmoniques.

Pour l'occasion, le menu s'est inspiré des molécules aromatiques que j'avais sélectionnées en compagnie de l'œnologue bordelais Pascal Chatonnet à partir des aliments complémentaires à ces molécules dénichés au cours de mes recherches.

Le plat de résistance avait été conçu « pour et par » le Château de Beaucastel 2005, duquel nous avions choisi la piste aromatique des aliments complémentaires à base de diméthylpyrazine (cacao) et d'eugénol (clou de girofle), tout comme ce grand châteauneuf-du-pape rouge aux saveurs bien marquées de cacao et de girofle. Le résultat harmonique fut le : **Caribou des Inuits, jus de viande perlé aux grains de mûres, purées de céleri rave en deux versions (à la réglisse fantaisie et au clou de girofle), armillaire de miel au grué de cacao, feuille de basilic thaï.**

À TABLE AVEC LE CLOU DE GIROFLE

Les Européens utilisent le clou de girofle surtout pour rehausser le goût des desserts, pendant qu'aux quatre coins du monde, il sert à complexifier la saveur des viandes. Mis à part qu'il parfume les célèbres cigarettes indonésiennes, les *kreteks* – 95 % de la production mondiale de clou de girofle sert à leur

2. ALIMENTS COMPLÉMENTAIRES
CLOU DE GIROFLE

ABRICOT	CANNELLE	NOIX DE COCO GRILLÉE
ANANAS	CINQ-ÉPICES	ORGE MALTÉE
ASPERGE CUITE	CURRY INDIEN	PAIN GRILLÉ
BASILIC SAUVAGE	EUCALYPTUS	PAIN D'ÉPICES
BASILIC THAÏ	FRAISE	QUATRE-ÉPICES
BIÈRE	GOYAVE	ROMARIN
BŒUF GRILLÉ	MANGUE	SCOTCH
BOUTONS DE ROSE	MOZZARELLA	SIROP D'ÉRABLE
CAFÉ	NOISETTE	VANILLE

fabrication! –, dans lesquelles il entre pour 40 % de la composition. Pas étonnant que ce pays, tout comme ses habitants, dégagent une chaude et sensuelle odeur épicée…

On retrouve le clou de girofle en cuisine dans les recettes classiques que sont le pain d'épices, la choucroute, le jambon à l'ananas – l'ananas cuit est aussi composé d'eugénol (voir chapitre *Ananas et fraise*) –, le traditionnel ragoût de pattes de cochon québécois, les currys indiens, ainsi que dans les savoureux bouillis de viandes, comme le pot-au-feu.

Il participe aussi au très asiatique et mondialement connu mélange de cinq épices chinoises, composé de badiane (anis étoilé), de poivre de Sichuan, de cannelle, de graine de fenouil et de clou de girofle. D'ailleurs, il y domine les autres épices presque à tout coup!

Enfin, le clou de girofle signale sa présence, selon la grosseur de la pincée qui y est ajoutée, dans les autres mélanges d'épices que sont les *ras-el-hanout* (Maroc), *garam masala* (Inde), *recado rojo* (Mexique) et quatre-épices (France : avec poivre, muscade et cannelle).

Les boutons de rose chinois (vendus séchés) ont un goût de poivre et de clou de girofle. On peut donc unir ces ingrédients ou encore remplacer le girofle dans une recette par ces aromatiques boutons de rose asiatiques!

ANANAS, FRAISE, ROMARIN, VANILLE : COUSINS MOLÉCULAIRES?

L'ananas, la fraise, le romarin et la vanille contiennent tous de l'eugénol – spécialement perceptible, pour ce qui est de l'ananas et de la fraise, lorsqu'ils sont très mûrs et/ou cuits –, ce qui les rapproche du clou du girofle et des vins qui lui siéent bien.

Donc, logiquement, tout comme dans la pratique (!), un plat cuisiné avec la fraise, l'ananas, le romarin, la vanille et/ou le clou de girofle trouvera une piste harmonique intéressante avec les vins marqués par l'eugénol (voir chapitre *Ananas et fraise*).

« ÉPICEZ » VOS FROMAGES !

L'harmonie entre les vins rouges tanniques et les fromages vous laisse, presque à tout coup, comme moi, un désagréable goût amer en bouche! Normal! Les vins blancs s'en sortent beaucoup mieux à ce jeu (voir chapitre *Fromages du Québec*),

même si vous vous entêtez à voir le service des fromages avec des lunettes teintées de rouge…

Grâce à la compréhension des principes aromatiques qui composent l'arôme du girofle comme des vins, il est aujourd'hui possible de « cuisiner » les fromages pour que l'harmonie puisse enfin être envisageable entre les fromages et les vins rouges.

TRUC DU SOMMELIER-CUISINIER

Fromage à croûte fleurie parfumé aux clous de girofle Un truc simple et efficace pour aider votre vin rouge préféré à rester en selle… Coupez horizontalement le fromage en deux morceaux. Saupoudrez des clous de girofles concassés très finement sur le dessus du premier morceau de fromage. Replacez le deuxième morceau de fromage sur le premier, emballez et laissez macérer quelques jours en le conservant au frais. Vous pourriez remplacer le clou de girofle par des boutons de rose chinois, du basilic thaï ou un cinq-épices chinois, et vous obtiendrez le même résultat harmonique!

LE GRAS DE CANARD « ENFLEURÉ »…

Une fois que la structure moléculaire d'une épice comme le girofle est identifiée, les idées fusent! Il devient alors possible de détourner la pratique de « l'enfleurage », autrefois utilisée dans le monde de la parfumerie, afin de capter les délicats parfums des fleurs dans une matière grasse, pour créer une nouvelle méthode pour parfumer vos aliments.

TRUC DU SOMMELIER-CUISINIER

Canard cuit au gras enfleuré au clou de girofle Prenez du gras de canard chaud mais pas brûlant. Ajoutez-y quelques clous de girofle (ou un des aliments complémentaires à ce dernier), puis laissez macérer au réfrigérateur pendant quelques jours pour que les arômes y soient emprisonnés (comme autrefois lors de l'enfleurage des pétales de rose…). Enfin, chauffez doucement le gras de canard en prenant soin de retirer les clous de girofle.

Vous obtiendrez un gras de canard au subtil goût de girofle, avec lequel vous pourrez aromatiser les aliments! Le confit de canard et les pommes de terre sautées ne vous auront jamais paru aussi inspirants, et l'harmonie des ingrédients cuits dans

FROMAGE À CROÛTE FLEURIE PARFUMÉ AUX CLOUS DE GIROFLE
ET AUX BOUTONS DE ROSES SÉCHÉS

ce gras de canard n'en sera que meilleure avec le vin possédant les mêmes caractéristiques aromatiques.

Pour créer de belles et justes harmonies avec d'autres types de vins, sélectionnez différentes épices (ajowan, cannelle, graines de coriandre, muscade, nigelle, poivre de Sichuan, réglisse, romarin, safran) et repoussez les limites d'utilisation de cette technique culinaire simple et efficace, qui s'inspire du passé de la parfumerie, pour mieux parfumer vos recettes et ainsi créer de subtils accords avec les vins.

LA ROUTE DES ÉPICES

À la demande de la chef «alchimiste» des épices, Racha Bassoul, du défunt restaurant montréalais Anise, j'ai eu le grand privilège d'être l'inspirateur d'un menu sous le thème *La Route des Épices* (présenté du 22 février au 3 mars 2007), donc de sélectionner les vins et de la guider vers les choix des épices et la construction des plats, toujours «pour et par» les vins servis.

J'ai cru bon de partager avec vous les chemins ayant conduit à l'une des créations, autour du clou de girofle, servie au quatrième acte du repas :

Villa de Corullón 2001 Bierzo,
Descendientes de J. Palacios, Espagne
et Pot-au-foie
« Sous une pluie de foie gras de canard
au clou de girofle, à l'infusion de badiane, feuilles
de curry et poivre de Sichuan et riz au thé
wulong Ali Shan 1993 »

Nous souhaitions une harmonie vibrante, du point de vue aromatique, entre cet original pot-au-foie et ce bierzo à base du rarissime cépage mencia. Nous avons réussi l'union de cet autochtone espagnol ressuscité par l'éclairé Àlvaro Palacios, doté de subtils parfums de girofle, de vanille et de fumée avec

le plat en utilisant une bonne dose du très odorant et sensuel clou de girofle lors de la macération du foie gras.

Afin de compléter l'union aromatique, le thé vert de l'infusion originale, de ce plat créé l'année précédente, a été remplacé par un thé noir fumé, l'Ali Shan 1993, dont les parfums fumés et boisés rappellent à la fois ceux du clou de girofle et ceux du vin rouge, le bierzo Villa de Corullón 2001. Les notes poivrées subtiles des feuilles de curry, tout comme du poivre de Sichuan, trouvaient aussi écho dans ce vin. Pour signer ce plat, un pain parfumé au thé noir s'imposait de lui-même.

ÀLVARO PALACIOS, VITICULTEUR DE LA RENAISSANCE

La touche magique d'Àlvaro Palacios lui a permis d'être, à la fin des années quatre-vingt, à l'avant-scène de la renaissance de la zone d'appellation Priorat, avec son domaine éponyme. Puis, depuis le milieu des années quatre-vingt-dix, il a été à la tête d'une autre renaissance, celle du cépage mencia, dans le Bierzo, où il a fondé avec son neveu, Ricardo Perez Palacios, le domaine Descendientes de J. Palacios. Comme si ce n'était pas assez, depuis 2000, après le décès de son paternel, il a effectué un retour aux commandes du domaine Palacios Remondo dans la Rioja. Il a su revitaliser tous les crus de ce domaine familial qui l'a vu naître. Soutenu par sa femme Cristina, ce jeune viticulteur doué est assurément un homme de la Renaissance !

QUELQUES HARMONIES AVEC LES ROUGES PUISSANTS
Priorat, Rioja, Zinfandel et Petite Sirah

+ Ragoût d'agneau au quatre-épices (poivre, muscade, gingembre en poudre et clous de girofle)
+ Tajine de ragoût d'agneau au cinq-épices et aux oignons cippolini caramélisés
+ Steak de saumon au café noir et aux cinq épices chinoises (recette dans *À Table avec François Chartier*)
+ Pot-au-feu d'agneau (cuisson rosée) au thé et aux épices (anis étoilé, réglisse, cannelle, grains de cardamome, girofle et feuilles de thé noir)
+ Chili de Cincinnati

3.

VINS COMPLÉMENTAIRES
CLOU DE GIROFLE

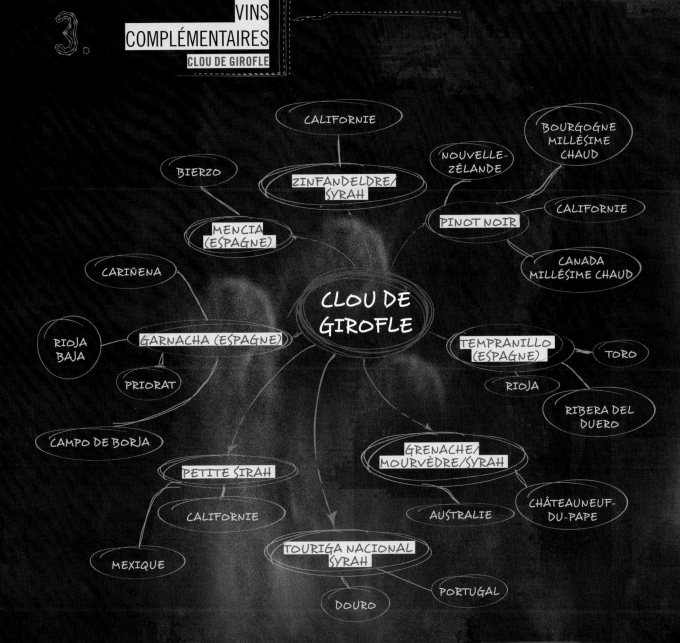

Bierzo, Campo de Borja, Cariñena d'Espagne, Pinot Noir du Nouveau Monde, Grenache du Rhône et du Languedoc

+ Filet de saumon grillé recouvert d'un concassé grossier d'un quatre-épices chinois (poivre, muscade, gingembre en poudre et clous de girofle).
+ Risotto au jus de betterave parfumé au girofle
+ Cailles laquées au miel et au cinq-épices (pouvant être accompagnées de risotto au jus de betterave parfumé au girofle).
+ Poulet rôti au sésame et au cinq-épices
+ Dindon de Noël accompagné de risotto au jus de betterave parfumé au girofle
+ Salade de betteraves rouges parfumées au quatre-épices et à l'huile d'olive (sans vinaigre).

LES VINS DE DESSERTS

Un dessert cuisiné avec la fraise ou l'ananas – fruits qui partagent exactement les mêmes principes actifs (voir chapitre *Ananas et fraise*) –, le romarin, la vanille et/ou le girofle trouve son Graal harmonique avec les vins de desserts dotés d'arômes de la famille de l'eugénol, comme ceux-ci :

+ Banyuls, Maury, Rasteau et Rivesaltes (jeunes)
+ Monastrell Dolce Jumilla, Espagne (jeune)
+ Pedro Ximénez « Solera » Montilla-Moriles, Espagne
+ Pineau des Charentes rouge 5 ou 10 ans d'âge
+ Porto Vintage (jeune)

QUELQUES IDÉES DE RECETTES DE DESSERTS

+ Fraises au poivre et aux clous de girofle
+ Millefeuille de pain d'épices à l'ananas (recette dans *À Table avec Chartier*; ajuster le sirop avec plus de girofle et une pointe de vanille)
+ Millefeuille de pain d'épices aux fraises (recette dans *À Table avec Chartier*; ajuster le sirop avec plus de girofle et une pointe de vanille)
+ Shortcake à l'ananas et chantilly parfumée au romarin
+ Shortcake aux fraises et chantilly parfumée au romarin
+ Soupe d'ananas et de fraises chaude au romarin
+ Tatin à l'ananas et clou de girofle, glace à la vanille

GÉNIÈVRE

SAPIN

PIN

PINÈNE

GINGEMBRE
BOUTON DE
ROSE SÉCHÉ
ANANAS
FRAISE
SAFRAN
BERGAMOTE

ROMARIN

UN SUDISTE AU PROFIL... ALSACIEN !

« L'introduction dans le domaine de la connaissance de nouveaux éléments doit d'abord être regardée comme provisoire, et demande à être pleinement critiquée et justifiée. »

HUBERT REEVES

Voilà une phrase du célèbre astrophysicien québécois qui me confirme une fois de plus qu'en science comme dans les plaisirs de la table, l'expérimentation ouvre la voie à la pensée qui conduit tout droit à la créativité, donc aux plaisirs pluriels. Dans ce chapitre, je vous entraîne sur la piste des arômes ensoleillés et boisés du romarin et des vins qui devraient être en liaison parfaite avec cette herbe méditerranéenne par excellence.

CHIMIE 101

Un peu de chimie 101 pour débuter... Les composés volatils du romarin sont de la famille des terpénols. Ceux-ci sont les substances d'origine variétale susceptibles de typer les arômes de certains vins, spécialement ceux à base de muscat et, dans une moindre mesure, ceux de gewürztraminer et de riesling, tous pourvus en molécules aromatiques terpéniques. On parle donc de vins blancs. Pourtant, dans la grande majorité des cas, le romarin est utilisé en cuisine pour rehausser des plats de viande, comme l'agneau qui, immanquablement, est harmonisé par la grande majorité des amateurs et professionnels à des vins rouges.

Et quand le romarin est utilisé dans un plat de légumes ou de poisson, accord régional oblige, on pense presque à tout coup à un vin blanc ou à un rosé de Provence ou de l'un des nombreux vignobles du Bassin méditerranéen.

Pourtant, les blancs de riesling et de gewürztraminer sont absents des zones de culture du Midi. Quant au muscat, natif de cette région, il y est plus qu'abondant, mais presque

uniquement vinifié en vin doux naturel (liquoreux et riche en alcool), donc pas vraiment adapté à l'harmonie avec de tels plats salés, sauf bien sûr pour les belles pointures de muscat sec d'Alsace.

Vous pensez sans doute avoir rarement senti une note de romarin frais dans un riesling ou un gewürztraminer... Eh bien, sachez que les parfums des herbes et des épices, comme des végétaux et des produits du règne animal, sont signés par plus d'un composé aromatique.

Dans certains cas, un composé domine les autres, comme dans le clou de girofle, la cannelle, l'anis étoilé ou le thym. Mais, pour 99 % des végétaux, c'est l'ensemble des composés que contient chaque herbe et chaque épice qui leur donne leur arôme particulier. Les graines de coriandre, par exemple, sont à la fois florales et citronnées en raison de leurs nombreuses molécules de la famille des fleurs et des agrumes. Le romarin n'y échappe pas et se montre même fort complexe.

La prochaine fois que vous aurez une branche de romarin entre les mains, humez son odeur à fond. Vous y découvrirez tantôt des notes boisées et florales, tantôt des tonalités rappelant les conifères, le girofle et l'eucalyptus.

Ces arômes, qui composent son bouquet unique et reconnaissable entre tous, proviennent de différents composés volatils de la famille des terpènes – des molécules chimiques engendrées naturellement par la plante afin qu'elle puisse se défendre, de façon répulsive, contre ses prédateurs : les animaux.

MUGUET

LINALOL

LAVANDE

Nous voici donc plus proches des arômes dénichés dans le riesling ou le gewürztraminer. À preuve, il est courant de sentir des effluves de fleurs et de conifères dans un riesling, tout comme il est fréquent de dénicher dans un vin de gewürztraminer des touches épicées de girofle, ainsi que des notes camphrées d'eucalyptus et florales de rose. Cela explique l'union en symbiose avec le romarin et ces vins, et pas uniquement en théorie, mais aussi au nez et en bouche !

Enfin, il y a des différences aromatiques entre les variétés de romarin : le romarin de Corse est plus riche en bornéol (odeur de camphre, boisée, tonique et presque médicamenteuse), aux parfums doux et fruités, avec une note d'encens. Celui du continent, donc de la Provence, du Rhône Sud et du Languedoc-Roussillon, est marqué par le verbénone (odeur de verveine espagnole).

LES TERPÈNES

Les terpènes, dont font partie la majorité des composés volatils du romarin, sont des composés aromatiques complexes qui tendent vers des nuances florales. Cette classe d'hydrocarbures produits par de multiples plantes, dont les conifères, constitue pour beaucoup l'arôme des fleurs et des agrumes qui dominent chez la famille des cépages muscats, ainsi que chez le gewürztraminer, auquel s'ajoute la famille des hydrocarbures trouvés chez les vins de riesling.

On a recensé plus de 4 000 composés de nature terpénique, dont 400 monoterpénoïdes et plus ou moins 1 000 sesquiterpénoïdes. Ce sont des hydrocarbures extraits des huiles essentielles et des résines végétales. Les terpènes les plus importants sont les suivants : α-pinène, ß-pinène, delta-3-carène, limonène, carotène et lutéine.

LES CÉPAGES DITS « TERPÉNIQUES »

Les cépages de la famille des muscats en sont les plus richement pourvus, même si d'autres types de cépages ou types de vins sont aussi dominés par les différents composés volatils de la famille des terpènes.

Les terpènes ne sont présents que dans les cépages blancs, à l'exception du *black muscat*. Ils ont aussi des caractères aromatiques que l'on trouve dans les aiguilles et les écorces des conifères et les agrumes. Ils s'expriment par des tonalités fraîches d'épinette, d'agrumes, de fleurs et de feuille verte (caractère végétal).

En 1956, un certain Cordonnier découvre l'existence des terpènes, ainsi que leur rôle dans la signature aromatique du cépage muscat. Depuis, une multitude de chercheurs et d'œnologues se sont penchés sur ces composés volatils afin de mieux comprendre leur impact dans les vins de la grande famille des muscats, tout comme dans les autres cépages blancs.

Les substances volatiles typiques de tous les cépages cultivés pour le vin appartiennent principalement à deux grandes familles de composés volatils, donc de molécules aromatiques : les terpènes et les pyrazines.

Comme nous l'avons vu, les terpènes signent l'arôme des fleurs et des agrumes qui dominent chez la famille des muscats, mais aussi chez le gewürztraminer et le scheurebe, son jumeau dizygote (voir chapitre *Gewürztraminer*...), auquel s'ajoute la famille des hydrocarbures, aux arômes d'épinette, de pin, de romarin, de sapin et de pétrole, que l'on perçoit chez les vins de riesling.

D'autres cépages développent aussi, de façon plus ou moins prononcée, et même subtile dans certains cas, des notes terpéniques. Ce sont les albariño et viura espagnols, le müller-thurgau autrichien et les très français chardonnay, muscadelle, roussanne et sauvignon.

Ces tonalités terpéniques se traduisent par des composés volatils tels que le linalol (floral/fruité), le géraniol (rose/boisé/épicé), le nérol (floral/agrumes), l'ho-triénol (tilleul/lavande, gingembre/fenouil et miel) et l'α-terpinéol (agrumes).

LES ARÔMES TERPÉNIQUES LES PLUS FRÉQUENTS :

Agrumes, bergamote, bois de rose, camphre, cannelle, caractère boisé et épicé, citronnelle, eau de roses, épinette, eucalyptus, gingembre, hibiscus, lavande, menthe, muguet, muscade, pêche sucrée, pétrole, pin, romarin, rose, safran, sauge, thym, ylang-ylang.

Les raisins et les vins contiennent plus de 70 composés terpéniques. Pour la plupart, il s'agit de monoterpènes, de quelques sesquiterpènes et des alcools et aldéhydes correspondants.

1. COMPOSÉS VOLATILS ET ARÔMES
ROMARIN

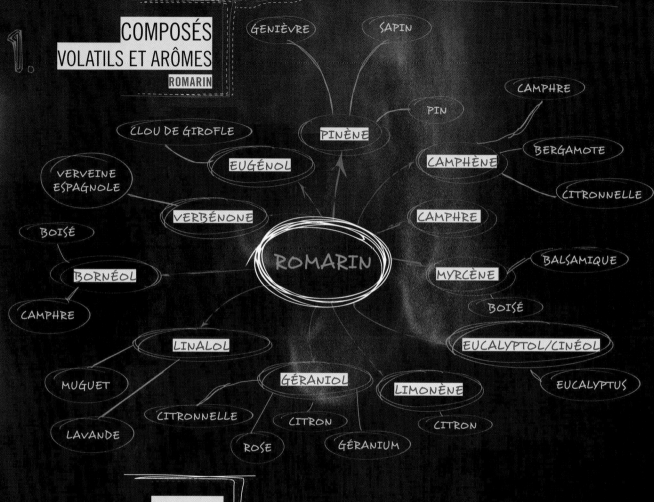

GENIÈVRE

SAPIN

CAMPHRE

PIN

CLOU DE GIROFLE

PINÈNE

BERGAMOTE

EUGÉNOL

CAMPHÈNE

CITRONNELLE

VERVEINE ESPAGNOLE

VERBÉNONE

CAMPHRE

BOISÉ

ROMARIN

BALSAMIQUE

BORNÉOL

MYRCÈNE

CAMPHRE

BOISÉ

EUCALYPTOL/CINÉOL

LINALOL

EUCALYPTUS

MUGUET

GÉRANIOL

LIMONÈNE

LAVANDE

CITRONNELLE

CITRON

CITRON

ROSE

GÉRANIUM

2. ALIMENTS COMPLÉMENTAIRES
ROMARIN

CLOU DE
GIROFLE
LAVANDE
EUCALYPTUS
CANNELLE
SAUGE
LAURIER

CÈDRE
CURCUMA
AGRUMES
GRENADE
BIÈRE
D'ÉPINETTE

BAIE DE
GENIÈVRE
VERVEINE
CARDAMOME
RAISIN
MUSCAT
BŒUF

GINGEMBRE
BOUTON DE
ROSE SÉCHÉ
ANANAS
FRAISE
SAFRAN
BERGAMOTE.

MUSCAT ET BOTRYTIS CINEREA

Les raisins muscats attaqués par le *botrytis cinerea* (pourriture noble), à un certain niveau d'intensité, perdent leur typicité (car la quantité de terpènes baisse considérablement). Ils perdent donc leur caractère floral singulier, d'où le souhait de la majorité des viticulteurs de ne pas voir le *botrytis cinerea* se développer sur leur vendange de muscat.

Les molécules aromatiques terpéniques sont très volatiles. Ce sont donc les premières molécules perçues tant au nez qu'en bouche lors de la dégustation d'un vin – il suffit de penser à la très immédiate note d'hydrocarbure de certains rieslings, tout comme de celle de rose des gewürztraminers. De plus, leur volatilité les fait disparaître assez rapidement à la cuisson à chaud, aussi bien pour le vin que pour les herbes aromatiques (romarin), agrumes et fleurs utilisés en cuisine.

À TABLE AVEC LE ROMARIN

ROMARIN ET CREVETTES

Faites sauter à la poêle quelques dés d'ananas et de poivron rouge, ainsi que quelques branches de romarin frais finement hachées, que vous déglacerez par la suite au vin blanc (celui que vous servirez à table). Puis faites-y revenir des crevettes, et enfin crémez très légèrement le tout. Si vous avez déglacé avec un riesling sec, servez alors le même riesling. Si vous avez plutôt choisi un gewürztraminer sec, pour créer une harmonie encore plus vibrante, accompagnez ce plat d'une petite cuillère de chantilly rehaussée d'une pincée de curcuma, qui adore aussi le gewürztraminer.

HAMMAM À LA VAPEUR DE ROMARIN...

Pour créer un lien aromatique encore plus évident entre les parfums pluriels du romarin et du vin, servez ce plat dans un bol, que vous déposerez dans une assiette creuse plus grande, dans laquelle vous aurez placé quelques branches entières de romarin frais. Au moment de servir, devant vos convives, versez un peu d'eau bouillante dans cette assiette creuse (pour de plus amples de détails, voir la recette de « Fricassée de crevettes… » publiée dans le livre *À Table avec François Chartier*). Ainsi, les effluves du romarin s'élèveront vers les cils olfactifs de vos invités, comme dans un hammam à la vapeur de romarin. Vos invités n'auront plus qu'à se laisser guider par ses composés aromatiques vers le vin servi dans leurs verres.

3. VINS COMPLÉMENTAIRES
ROMARIN

MUSCAT
GEWÜRZTRAMINER
SCHEUREBE (AUTRICHE)
RIESLING
XÉRÈS FINO
ALBARIÑO (ESPAGNE)

VIURA (ESPAGNE)
MÜLLER-THURGAU (AUTRICHE/ITALIE)
BLACK MUSCAT
CABERNET-SAUVIGNON (AUSTRALIE/CALIFORNIE/CHILI)
GRENACHE NOIR (ESPAGNE/LANGUEDOC/RHÔNE)

Vous réaliserez ainsi l'union «scientifique» et gourmande à souhait entre le romarin et les vins blancs secs de riesling ou de gewürztraminer.

ROMARIN, AGNEAU ET... RIESLING!

Que faire maintenant avec les viandes au romarin? Il suffit d'oser cuisiner de l'agneau façon pot-au-feu, donc bouilli, parfumé par quelques branches de romarin, et de surprendre vos invités en harmonisant cette viande rouge avec un vin blanc alsacien sec et de noble origine, à base de riesling. Ici, l'harmonie sera réalisée grâce à deux pôles d'attraction harmonique (voir chapitre *Bœuf*, section *Du cru à la cuisson*).

Primo, la viande bouillie perd son sang et devient plus filandreuse et très parfumée par les saveurs du bouillon, ce qui permet la rencontre avec un blanc sec et très parfumé (comme avec un rouge très léger tout en fruit et mordant). *Secundo*, la présence des principes actifs du romarin crée une liaison quasi parfaite avec ceux du riesling sec alsacien – le riesling d'Allemagne, dans de nombreux cas, serait soit trop faible en alcool, donc manquant de corps et de densité, soit un brin sucré.

LE ROMARIN DU FROMAGE AUX DESSERTS

À l'heure du fromage comme du dessert, usez de la rencontre des mêmes molécules aromatiques. Servez un fromage à croûte lavée, comme le munster, au centre duquel vous aurez laissé macérer pendant quelques jours du romarin finement haché. Accompagnez-le d'une vendange tardive alsacienne à base de gewürztraminer. Ainsi, vous ferez un clin d'œil moderniste au régional accord entre le «gewürz» et le munster au cumin!

Puis au dessert, le même type de vin fera sensation avec une soupe d'ananas et de fraises parfumée au romarin, tout comme avec un étonnant shortcake aux fraises et aux ananas, surmonté d'une chantilly parfumée au romarin.

TRUC DU SOMMELIER-CUISINIER

Tarte au siphon Et pourquoi pas une tarte au siphon, version contemporaine de la classique tarte au «citron»? La meringue est ici préparée avec un «siphon», donc plus aérienne, et est parfumée au romarin.

Pour l'expérience, voici deux desserts inspirés uniquement de composés terpéniques :

+ Prismes de gelée au Campari et eau de roses, ananas, fraise, jus d'agrumes au girofle, tofu à la vapeur de romarin, sorbet à l'eucalyptus et bâtonnets au gingembre (idée de François Chartier/voir photo)
+ Graines de pomme grenade au muscat, confit d'agrumes et glace à l'eucalyptus (voir recette dans le magazine Spain Gourmet, No 62, page 124). S'y ajoutent, lors du montage de l'assiette, du romarin et des fleurs comme le jasmin et la verveine citronnelle.

Du 100 % terpénique! Donc, du «sur mesure» pour un riesling vendanges tardives, comme un gewürztraminer ou un muscat doux.

Le xérès fino aussi est riche en notes florales terpéniques (linalol, nerolidol et farnesol), ce qui en fait un bon compagnon du romarin, surtout qu'il possède la puissance aromatique et une présence de bouche à la hauteur de l'expressivité du romarin. Il faut donc le marier, par exemple, à une salade de fromages de chèvre secs ayant préalablement mariné dans de l'huile d'olive parfumée au romarin.

ANANAS, FRAISE ET GIROFLE : DANS LA SPHÈRE AROMATIQUE DU ROMARIN

Fait intéressant, dans leur composition moléculaire, l'ananas, la fraise – spécialement lorsqu'ils sont très mûrs –, le clou de girofle et le romarin contiennent une bonne dose d'eugénol, ce qui les rapproche du clou du girofle et des vins qui lui siéent bien (voir chapitre *Clou de girofle*).

Donc, logiquement – tout comme dans la pratique! –, un plat dominé par la fraise, l'ananas, le romarin ou le girofle trouvera une piste harmonique intéressante avec les vins marqués par l'eugénol (voir chapitre *Ananas et fraise*).

SAUGE, CURCUMA, LAURIER, EUCALYPTUS...

La sauge et le curcuma sont aussi riches que le romarin en notes terpéniques, et donc tous deux en harmonie avec le riesling, le muscat et le gewürztraminer.

L'huile essentielle de l'eucalyptus et du laurier ne révèle que d'infimes différences dans leurs principes actifs. On peut donc les qualifier de «jumeaux moléculaires», à l'image de l'ananas et de la fraise. Le cinéol (ou eucalyptol) et le bornéol, deux principes actifs, donnent le ton chez les deux. On dépiste aussi ces deux composés volatils chez le romarin. Voilà pourquoi l'union réussi des plats parfumés par l'eucalyptus, le laurier ou le romarin avec des vins rouges marqués au nez par l'eucalyptus, comme le sont certains cabernets chiliens et les cabernets californiens et australiens.

DE NOUVEAUX CHEMINS DE CRÉATION EN CUISINE

+ Fricassée de crevettes à l'ananas et poivrons doux surmontée de chantilly au romarin (recette dans *À Table avec François Chartier*) **Riesling allemand, alsacien ou australien**

+ Fricassée de crevettes à l'ananas et poivrons doux surmontée de chantilly au curry, parfums de romarin **Gewürztraminer sec alsacien**

+ Agneau façon pot-au-feu parfumé au romarin **Riesling sec Alsace Grand Cru**

+ Fromage à croûte lavée parfumé au romarin et soupe tiède d'ananas et de fraises au romarin **Gewürztraminer Vendanges Tardives**

+ Shortkake aux fraises et ananas, chantilly parfumée au romarin **Muscat de Rivesaltes (ou autre vin doux naturel à base de muscat)**

+ Tarte au «siphon» (une tarte au citron, avec meringue au siphon parfumée au romarin) **Riesling Vendanges Tardives**

GOÛT AMER

PICROCROCINE

CANNELLE
(DE LA VARIÉTÉ CEYLAN OU
SRI LANKA (ZEYLANICUM)

RIESLING
THÉ NOIR ET VERT

SAFRAN

LA « REINE-ÉPICE »

« Seule une réflexion audacieuse peut nous faire progresser,
et non pas une accumulation de faits. »

ALBERT EINSTEIN

Nous voilà maintenant sur la piste des chauds et intrigants composés volatils du safran, de ses ingrédients complémentaires et des vins qui devraient être en liaison parfaite avec les mets dominés par cette reine-épice du Bassin méditerranéen.

Le safran, est la plus coûteuse de toutes les épices que la nature nous offre. Il faut plus ou moins 200 000 fleurs mauves de crocus – desquelles trois longs stigmates rouge sang sont extirpés à la main – pour produire un kilogramme de safran! Plus de 40 heures de travail (récolte, séparation des stigmates et séchage – torréfaction sur les braises d'un feu sans fumée ni flammes) pour un seul petit kilo… Une vraie *queen*, je vous le répète!

Le safran a été originellement domestiqué, à l'âge du bronze, en Grèce – où les femmes de Crète l'utilisaient pour décorer un de leurs seins découvert, comme le voulait la mode de l'époque. Puis il a été transporté par les caravanes vers l'Est, jusqu'au Cachemire. Les Arabes l'ont ensuite diffusé vers l'Ouest, jusqu'en Espagne.

Finalement, au Moyen Âge, notre reine s'est répandue en France et en Angleterre, lors des croisades. Aujourd'hui, le Cachemire et l'Iran en sont les deux plus importants producteurs. Cependant, les entreprises espagnoles, presque toutes installées dans la localité de Novelda, dans la région d'Alicante – siège social de *Verdú Cantó Saffron Spain*, référence mondiale en la matière –, réalisent 90 % du commerce mondial de cette luminescente épice.

LE SAFRAN EN MODE CLASSIQUE DANS L'ASSIETTE

Classiquement, en Iran et en Espagne, le safran parfume les plats de riz, comme la paella et le pilaf. Le fameux risotto à la milanaise des Italiens en porte la signature aromatique. La bouillabaisse de Marseille est le plat safrané des Français, tandis que les Indiens l'utilisent en mode sucré, tout comme dans l'univers du salé-épicé dans certains currys.

PLUS DE 150 COMPOSÉS VOLATILS

Le safran dégage un chaud et pénétrant parfum floral et épicé, rappelant aussi vaguement le foin sec, tout en développant une amertume plus ou moins forte en bouche, ainsi qu'une note légèrement piquante.

Bien sûr, quelques variantes existent : les safrans orientaux, séchés au soleil sur de grandes toiles, sont plutôt épicés et moins safranés, tandis que les safrans européens, séchés au four, se montrent plus safranés (aux notes classiques de fleurs et de foin sec).

Le safran du Sussex, par exemple, a un parfum doux et séduisant, qui provient d'une combinaison d'arômes d'orange, de tabac blond et de thé indien, ainsi que de carton mouillé.

Sa couleur jaune orangé lui vient de molécules résultant de la dégradation des caroténoïdes, dont l'α-crocine, un di-ester qui participe aussi à son bouquet singulier, comme vous pourrez le lire plus loin.

On pense à tort que le parfum d'une épice ou d'une herbe est singulier, c'est-à-dire composé d'une seule molécule aromatique qui lui donnerait son caractère spécifique. Bien au contraire, l'arôme de chaque herbe et de chaque épice est composé d'un cocktail de composés volatils qui, par leur mélange, procurent la signature aromatique finale. Mais seule une poignée de ces molécules aromatiques dominent, habituellement, les autres.

Dans le cas du safran, plus de cent cinquante molécules volatiles contribuent à son parfum unique, dont une trentaine de constituants plus ou moins importants, dominés par moins d'une dizaine de composés, comme le pinène (à l'odeur de pin/sapin), le cinéol (aussi appelé eucalyptol, principal composé de l'eucalyptus et de la cardamome) et surtout le safranal (safran).

De nombreux composés non volatils échafaudent aussi sa structure aromatique, et colorent fortement le liquide lorsqu'ils sont plongés dans l'eau chaude, le lait, la crème ou l'alcool.

L'INFUSER AVANT DE LE CUISINER

Il est important d'hydrater le safran dans un liquide chaud ou tiède avant de l'utiliser, afin d'en faire sortir la couleur et les parfums qui sont directement proportionnels au temps d'infusion. Un temps de 30 minutes est conseillé (attention : une infusion trop longue peut mener à une saveur très amère et envahissante). Un liquide gras (beurre, lait, crème, bouillon gras, alcool, huile) est un meilleur choix que l'eau pour en extraire le maximum, car ses précieux composés aromatiques ne sont solubles que dans les corps gras ou dans l'alcool, et donc très peu ou pas dans l'eau.

LE SAFRANAL ET LA PICROCROCINE

Parmi les composés qui participent le plus à la signature identitaire du safran, il y a la picrocrocine (un caroténoïde au goût amer, principal responsable de son goût) — formée de l'union d'un glucide et d'un aldéhyde —, qui représente 4 % de son poids moléculaire.

CAROTÉNOÏDES DU SAFRAN DANS D'AUTRES INGRÉDIENTS

On trouve les mêmes caroténoïdes que celles du safran dans les pommes jaunes, le coing, le raisin, le tabac, la rose (tout comme les boutons de roses séchées et l'eau de rose), la fleur du boronia (une fleur d'Australie) et l'osmanthus (une fleur de Chine utilisée pour parfumer les thés; voir chapitre *Expériences d'harmonies et sommellerie moléculaires*). Il faut donc privilégier l'utilisation de, ces ingrédients avec la reine-épice, ou en remplacement (!), afin de trouver l'harmonie de saveurs dans l'assiette et de réussir l'accord avec les vins de la même sphère aromatique que le safran.

Il y a également le safranal ou 2,6,6-Trimethylcyclohexa-1,3-dien-1-carboxaldehyde – un terpène volatil, moins amer que la picrocrocine, qui donne son parfum singulier au safran et qui est un puissant anti-oxydant. Le safranal représente 70 % de son poids aromatique. Il est aussi présent dans le thé noir, le maté, le paprika, le pimentón, le pamplemousse rose et la fleur d'osmanthus, ce qui fait de ces aliments des choix judicieux pour cuisiner avec le safran et réussir l'accord avec les vins proposés pour cette reine-épice.

Un troisième composé, le 2-hydroxy-4,4,6-triméthyl-2,5-cyclohexadièn-1-one, participe aussi au nez du safran, avec une tonalité de foin sec. C'est lui qui contribue le plus au parfum de certaines variétés de safran, dont le safran rouge de Grèce, même si le safranal est à hauteur de 70 % dans la composition moléculaire des composés volatils de la majorité des safrans.

LE PINÈNE, UNE MOLÉCULE RÉACTIVE

Le pinène, à la saveur de pin/sapin/genièvre, est aussi à ranger parmi les composés volatils dominants dans la structure aromatique du safran. Fait intéressant, il est soluble dans l'alcool et insoluble dans l'eau.

Pour extraire l'arôme du pinène, il ne suffit pas de le déguster avec un vin, il faut que le safran, tout comme les autres épices marquées par cette molécule, entre en contact avec l'alcool ou tout autre solvant permettant de l'extraire.

Le pinène est aussi présent dans de multiples herbes et épices, sous deux formes différentes : l'α-pinène (dans le gingembre, la lavande, la menthe, le safran, la sauge et le thym) et le ß-pinène (l'achillée millefeuille, le basilic, le persil, le romarin et la rose). Ces deux composés participent aussi, entre autres, au profil aromatique des baies de genièvre, de la bière d'épinette, de la cannelle, et, bien sûr, du safran.

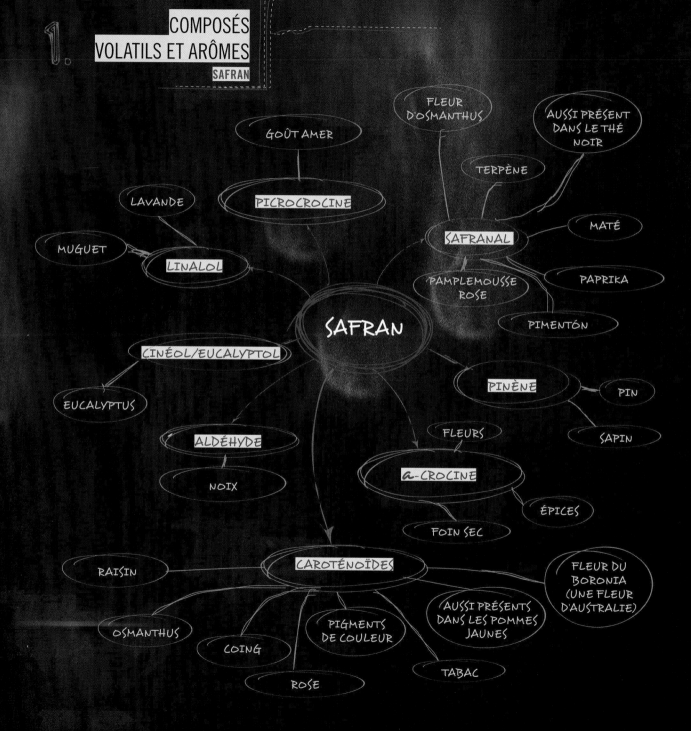

GOÛT AMER

FLEUR D'OSMANTHUS

AUSSI PRÉSENT DANS LE THÉ NOIR

TERPÈNE

LAVANDE

PICROCROCINE

MUGUET

LINALOL

SAFRANAL

MATÉ

PAPRIKA

PAMPLEMOUSSE ROSE

SAFRAN

PIMENTÓN

CINÉOL/EUCALYPTOL

PINÈNE

PIN

EUCALYPTUS

FLEURS

SAPIN

ALDÉHYDE

a-CROCINE

NOIX

ÉPICES

FOIN SEC

RAISIN

CAROTÉNOÏDES

FLEUR DU BORONIA (UNE FLEUR D'AUSTRALIE)

OSMANTHUS

PIGMENTS DE COULEUR

AUSSI PRÉSENTS DANS LES POMMES JAUNES

COING

TABAC

ROSE

Ces ingrédients sont tous des pistes à suivre pour harmoniser et complexifier vos recettes préférées à base de safran et réussir de belles envolées harmoniques avec les vins proposés pour s'unir à ce type de molécules aromatiques.

Notons que plus le nombre d'ingrédients contenant l'une ou l'autre molécule de pinène est élevé dans la composition d'un plat, plus cette tonalité sera dominante lors de la dégustation avec un vin.

Autre fait des plus intéressants, le pinène (plus particulièrement l'α-pinène) est hautement réactif au contact de l'iode, sublimant le goût de ce dernier.

GOÛT IODÉ SUBLIMÉ PAR LE PINÈNE

Si vous cuisinez un fruit de mer, au goût iodé, avec du safran, tout comme avec l'un des autres ingrédients riches en α-pinène, la note iodée sera dominante dans la saveur du plat puisque l'α-pinène a la capacité de sublimer la saveur de l'iode. Dans l'harmonie avec le vin, un fruit de mer iodé vous paraîtra encore plus iodé si le vin servi est fortement marqué par un arôme de la famille du pinène. C'est ce qui explique l'union belle entre un riesling et des huîtres ou des langoustines.

LE SAFRAN ET LES VINS

Pour choisir un vin qui réussira l'harmonie avec les mets dominés par le safran, partons avec l'idée que les caroténoïdes, les aldéhydes et les terpènes sont les trois principales familles de composés volatils qui dominent le parfum et la saveur du safran. Ce sont les composés qui participent tant à son nez qu'à sa présence en bouche.

Certains de ces composés lui procurent aussi une amertume qu'il faut prendre en compte lors du choix du vin qui accompagnera le plat qui en est parfumé. Il faut alors logiquement aller dans le sens des vins riches en ces trois types de composés volatils.

RIESLING, SAUVIGNON, CHARDONNAY...

Les caroténoïdes se trouvent surtout dans les cépages dits « non aromatiques », tels le chardonnay, le sauvignon blanc et le riesling. Mais puisque les terpènes sont aussi, et en grande partie, du nombre des molécules aromatiques du riesling, spécialement les monoterpènes – qui s'expriment par des notes épicées/florales (comme le safran) –, le choix du riesling s'impose de lui-même!

GOÛT IODÉ

Le linalol, à l'arôme floral, le principal terpène du riesling, trouve un puissant écho dans la floralité terpénique du safran. Le linalol est aussi le principal composé aromatique de la lavande, de la bergamote, de la menthe, des agrumes, de la cannelle (de la variété Ceylan ou Sri Lanka), du basilic doux européen et de la figue fraîche.

Notons que les meilleurs vins de riesling possèdent habituellement une forte minéralité en fin de bouche, qui se traduit par une douce impression d'amertume, à l'image de la saveur du safran.

Pour preuve, la réussite de l'harmonie avec une brochette de lotte au safran, tout comme avec une lotte aux oignons, au citron et au safran, nécessitant, à la base, un vin blanc à la fois dense et très frais, qui s'exprime aussi par des arômes jouant dans la sphère des composés aromatiques du safran.

Ce à quoi répond un vin comme le Riesling Les Écaillers Beyer 2003 Alsace, Léon Beyer, France. Ici, point de mollesse, point de surmaturité. Que du fruit, avec des notes de pamplemousse rose et des notes terpéniques rappelant le romarin, le safran, l'épinette et les agrumes. Un vin sec, droit et saisissant, sans être nerveux, mais d'une très grande fraîcheur, à la bouche d'une belle texture et d'une étonnante densité, aux saveurs très longues et minérales, qui tiennent tête avec brio tant à la chair dense et savoureuse de la lotte qu'aux entêtants arômes du safran.

FINO, MANZANILLA, VINS ROSÉS...

Bien sûr, certains vins de chardonnay et de sauvignon blanc s'expriment aussi par une électrisante minéralité de fin de bouche. C'est aussi le cas de certains muscats secs et xérès de types fino et manzanilla, qui, grâce à leur douce amertume et à leurs composés terpéniques, ainsi qu'à leur richesse en aldéhydes, pour ce qui du xérès, réussissent l'union avec certains mets relevés de safran.

Ce à quoi répond, à l'apéritif, avec des canapés de crevettes et mayonnaise au safran, tout comme avec une crème de carotte au safran et aux moules, le délectablement aromatique et subtilement amer Muscat Pierre Sparr Réserve, Alsace, France.

Même jeu harmonique entre un xérès fino, riche en aldéhydes – des composés aromatiques qui apparaissent pendant la maturation du vin –, comme le safran, et une crème safranée aux pétoncles et langoustines.

Pour ce faire, sélectionnez le mondialement réputé Tio Pepe Fino, Xérès, Gonzalez Byass, Espagne, qui se révèle d'un charme fou, d'une fraîcheur invitante, exhalant des notes directes et simples de pomme verte et d'amande fraîche, se montrant en bouche à la fois croquant, vivifiant, désaltérant et expressif au possible.

Fait intéressant à connaître, spécialement pendant la belle saison : nombreux vins rosés sont aussi richement pourvus en caroténoïdes, comme le safran l'est.

Ceci explique maintenant, de façon scientifique, l'union belle que j'ai toujours appréciée entre le rosé et les plats safranés!

Tentez votre palais avec des côtelettes d'agneau à la cannelle et au safran harmonisées avec un rosé de repas, donc d'une bonne structure, servi plus frais que froid, comme Le Rosé de Malartic, Bordeaux Rosé, France. Un vin assez coloré, au nez très fin, au fruité invitant, à la bouche presque gourmande, ample, texturée, fraîche et d'une étonnante présence florale (safran). Du sérieux!

A CUP OF TEA ?

Il est aussi possible de créer de belles envolées harmoniques à table en servant... une tasse de thé! Plus particulièrement de thé vert gyokuro.

L'élaboration singulière du thé vert japonais gyokuro – trois semaines avant la récolte, les théiers sont privés de lumière du soleil par des tonnelles de bambou – favorise le développement important de théine et de caroténoïdes.

Le thé vert gyokuro acquiert ainsi une grande complexité de composés volatils de la famille des caroténoïdes, comme chez le safran et les vins qui lui siéent bien.

Il faut donc oser servir le gyokuro avec les plats dominés par le safran, spécialement un risotto aux petits pois et au safran, les petits pois étant richement pourvus en méthoxypyrazines, molécules végétales aussi présentes dans le thé vert. Ainsi, l'union sera doublement « moléculaire »!

N'hésitez pas à cuisiner des recettes où le thé vert gyokuro et le safran dominent, pour ainsi renforcer les liaisons harmoniques avec les vins allant sur la piste aromatique du safran.

ALDÉHYDE

CAROTÉNOÏDES

LA POMME JAUNE : COUSINE DU SAFRAN

La pomme jaune, comme la golden et la pomme-poire, possède cette couleur jaune à cause de sa richesse, comme le safran, en caroténoïdes, spécialement en bêtacarotène (la couleur de la pomme rouge lui est plutôt donnée par des anthocyanines, comme dans le vin rouge).

Pour une belle harmonie, créez des recettes aux pommes jaunes et au safran, et servez-les avec les mêmes vins proposés pour le safran, qui sont aussi riches en caroténoïdes.

On choisira les vins à base de sauvignon blanc et de chardonnay, qui jouent dans la sphère aromatique de la pomme jaune et du safran. Par exemple, cuisinez un carré de porc aux pommes golden et au safran, puis servez un vin blanc sec à base de chardonnay, idéalement de millésime chaud et élevé sans excès en barriques, comme certains crus australiens et californiens.

Quant au gâteau aux pommes-poires et au safran, réservez-lui un vin blanc liquoreux, comme un chilien Sauvignon Blanc Late Harvest, ou un sauternes, où le sauvignon est en forte proportion dans l'assemblage avec le sémillon blanc. Car le sémillon blanc, lorsqu'il est touché par le *botrytis cinerea* (pourriture noble), ce qui est le cas pour les sauternes, développe des parfums jouant aussi dans la sphère moléculaire du safran. Ce à quoi tendent aussi les vins blancs de Jurançon, à base de petit manseng et/ou de gros manseng, qu'ils soient secs ou liquoreux.

HARMONIES CATALANES CHEZ ELBULLI

Abricots à la vanille et au safran, émulsion de pistaches vertes (tiré du menu 2008 d'elBulli) Un plat qui donne écho avec précision à un grand sauternes.

Gnocchi de polenta avec café et safran (tiré du menu 2008 d'elBulli) Ici, il faut se diriger vers un chardonnay boisé, qui exprime à la fois les notes toastées de la barrique – aussi présentes dans le café – et les tonalités aromatiques de la famille des caroténoïdes – présentes dans le safran.

RETOUR VERS LE FUTUR

Jusqu'à ce jour, mis à part les rosés, l'harmonie avec les plats safranés était souvent réalisée avec un condrieu, un vin blanc du Rhône à base de viognier. Il était choisi à la fois pour son caractère très aromatique, comme le safran, et pour sa générosité en bouche qui enveloppait l'amertume de cette épice orientale, pouvant perdurer avec elle dans sa longueur de bouche.

Mais, par la compréhension de la structure aromatique du safran, tout comme des vins, il est maintenant possible de peaufiner l'approche harmonique et d'ouvrir de nouvelles avenues tant pour le cuisinier en herbe et le chef que pour l'amateur de vins et le sommelier professionnel.

2. ALIMENTS COMPLÉMENTAIRES
SAFRAN

ACHILLÉE MILLEFEUILLE
AGRUMES
BAIES DE GENIÈVRE
BASILIC DOUX EUROPÉEN
BERGAMOTE
BOURGEONS DE SAPIN
BOUTONS DE ROSES SÉCHÉS
CANNELLE (DE LA VARIÉTÉ CEYLAN OU SRI LANKA (ZEYLANICUM)
CARDAMOME
COING
EAU DE ROSE
EUCALYPTUS

FIGUE FRAÎCHE
FLEUR D'OSMANTHUS
FLEUR DE BORONIA
GINGEMBRE
LAVANDE SÉCHÉE
MATÉ
MENTHE
PAMPLEMOUSSE ROSE
PAPRIKA
PERSIL
PIMENTÓN
POIREAU
POMME GOLDEN

POMME JAUNE
POMME-POIRE
RAISIN
ROMARIN
ROSE
SAUGE
TABAC
BIÈRE D'ÉPINETTE
THÉ NOIR
THÉ VERT GYOKURO

3. VINS COMPLÉMENTAIRES
SAFRAN

CHARDONNAY
XÉRÈS FINO
ET MANZANILLA
MUSCAT

RIESLING
SAUVIGNON BLANC
THÉ NOIR ET VERT
GYOKURO

VIN BLANC ÂGÉ
(AVEC OXYDATION MÉNAGÉE)
VIN ROSÉ

SCHEUREBE — AUTRICHE

NÉRAL

LIMONÈNE

FRUITÉ

β-BISABOLÈNE

ÉPICÉ

GÉRANIAL

GINGEMBRE

UN SÉDUCTEUR AU GRAND POUVOIR D'ATTRACTION !

« *Non cogitat qui non experitur* / Pas de pensée sans expérimentation »

MARGUERITE YOURCENAR

Le gingembre (*Zingiber officinale Roscoe*) fait partie de la famille des zingibéracées, qui compte plus de 700 espèces. Son inimitable goût chaud, musqué, zesté, sucré et puissamment aromatique, à la fois âcre, piquant, rafraîchissant, désaltérant et épicé, n'est pas sans rappeler les saveurs tout aussi complexes des vins à base de gewürztraminer.

Les zingibéracées sont des rhizomes (racines) divisés en 45 genres, dans lesquels on trouve le galanga, la maniguette (aussi appelée poivre de Guinée ou grain de paradis), la cardamome et le curcuma.

Il se consomme plus de 1,5 milliard de kilos de gingembre chaque année dans le monde, tout particulièrement en Asie du Sud-Est et en Inde. En Occident, il a été récemment popularisé par la multiplication des bars et des restaurants à sushis, où il est l'un des principaux condiments, avec le wasabi et le daïkon, à être servis. N'oublions pas son utilisation séculaire dans les biscuits et les gâteaux au pain d'épices, le *ginger beer*, ainsi que dans le *ginger ale*.

FRÈRE DU GINGEMBRE ET COUSIN DE LA CANNELLE

Le galanga, un rhizome de la même famille que le gingembre, est marqué par le cinnamate d'éthyle, un ester de l'acide cinnamique présent dans la cannelle, à l'odeur de cannelle/balsamique/miel, et au goût sucré d'abricot/pêche. Le cinnamate d'éthyle est naturellement présent dans la fraise et l'ananas, le poivre de Sichuan, certaines variétés de basilic et l'eucalyptus olida. Ce dernier, cultivé en Australie, sous le nom anglo-saxon évocateur de *strawberry gum* (!), contient un pourcentage très élevé de cinnamate d'éthyle, utilisé pour reproduire l'arôme de fraise ou de cannelle dans l'industrie alimentaire et en parfumerie. On peut donc utiliser le galanga en variation du gingembre, avec la cannelle, la fraise, l'ananas, le poivre de Sichuan, le basilic et l'eucalyptus.

LA STRUCTURE MOLÉCULAIRE DU GINGEMBRE

Le gingembre contient de multiples composés volatils qui lui procurent avant tout des tonalités florales, agrumes, boisées, épicées, camphrées et au «goût de froid», à l'image aromatique des vins à base de gewürztraminer et de son dizygote de jumeau, le scheurebe (voir chapitre *Gewürztraminer/ Gingembre/Litchi/Scheurebe*).

ON Y TROUVE LES COMPOSÉS SUIVANTS :

+ **ß-bisabolène :** Un sesquiterpène à odeur surtout balsamique, ainsi que d'agrumes et d'épices. On le trouve également dans l'anis étoilé, l'avocat, le basilic, la cardamome, la bergamote, la lime, les aiguilles de pin et le bois de santal.

+ **ß-sesquiphellandrène :** Un des principaux composés volatils du gingembre avec le citral et le nérolidol. C'est un sesquiterpène à odeur surtout boisée, ainsi qu'herbacée et fruitée. Présent aussi dans le galanga, le curcuma, la fleur de boronia et le persil.

+ **Camphène :** Un hydrocarbure, plus précisément un monoterpène bicyclique, au «goût de froid», qui est un constituant de nombreuses huiles essentielles, comme le camphre, la bergamote et la citronnelle.

+ **Citral (lemonal) :** Un des principaux composés volatils du gingembre avec le nérolidol et le ß-sesquiphellandrène. Il est aussi le constituant principal de la citronnelle, tout en étant présent dans la verveine, l'orange, le citron et plusieurs autres ingrédients. Il se sépare en deux versions (isomères) :
α-Citral (ou géranial) : à forte odeur de citron;
ß-Citral (ou néral) : à odeur plus douce de citron.

+ **Curcumène :** Directement lié au curcuma.

+ **Eucalyptol (ou cinéol) :** Un monoterpène qui est le composé principal de l'eucalyptus, au «goût de froid», et qui se trouve aussi dans le romarin, la sauge, l'absinthe et le basilic.

+ **Gingérol :** Un important composé phénolique du gingembre au goût piquant, se traduisant par une pseudo-chaleur. Chimiquement, le gingérol est un proche parent de la capsaïcine (voir le chapitre du même nom), molécule piquante du piment. La concentration du gingérol abonde dans le gingembre frais et est plus faible dans le gingembre séché. Par contre, une fois séché, le gingérol diminue au profit du shogaol, qui lui est un composé deux fois plus piquant. S'il est soumis à la chaleur, le gingérol se dégrade alors en zingerone, à la saveur plus douce.

+ **Linalol :** Un alcool terpénique à odeur de lavande/muguet, présent dans la bergamote, le bois de rose et la menthe.

+ **Nérolidol :** Aussi connu sous le nom de péruviol, c'est l'un des principaux composés volatils du gingembre avec le citral et le ß-sesquiphellandrène. Il ajoute des notes boisées et est aussi présent dans la bière, la citronnelle, la fleur d'oranger, la fraise, le jasmin, la lavande et le thé vert.

+ **Paradol :** Un composé phénolique au goût piquant, très proche chimiquement du zingerone. Il est aussi présent dans le poivre de Guinée.

+ **Shogaol :** Un composé présent dans le gingembre séché, deux fois plus piquant que le gingérol.

+ **Zingerone :** Lorsque le gingembre est soumis à la chaleur, le gingérol se dégrade en zingerone, beaucoup plus doux que ce dernier.

GINGEMBRE FRAIS OU CUIT?

Le gingembre cuit est plus doux au goût que le gingembre cru. S'il est ajouté en fin de cuisson, ou directement sur le plat au moment du service, il se montre plus mordant! On doit tenir compte de ce fait lors du choix des vins pour accompagner les plats rehaussés de gingembre.

+ **Zingibérène :** Un composé aussi présent dans le curcuma.

+ **Ainsi que plusieurs autres molécules :** a-pinène, limonène, bornéol, farnesène, géraniol, paracymène, myrcène.

2. PRINCIPAUX ALIMENTS COMPLÉMENTAIRES
GINGEMBRE

ABSINTHE
AVOCAT
BERGAMOTE
BIÈRE
BOUTON DE ROSES SÉCHÉS
CANNEBERGE
CARDAMOME
CITRON
CITRON CAVIAR
CITRONNELLE
CURCUMA

EAU DE ROSE
EUCALYPTUS
FIGUE FRAÎCHE
FLEUR DE BORONIA
FLEUR D'ORANGER
FRAISE
GALANGA
JASMIN
LAVANDE
LITCHI
MANGUE

MENTHE
ORANGE
PAMPLEMOUSSE
PERSIL
PIMENT FORT
POIVRE DE GUINÉE
ROMARIN
SAUGE
THÉ VERT
VERVEINE
YUZU

3. ALIMENTS COMPLÉMENTAIRES SECONDAIRES
GINGEMBRE

ANIS ÉTOILÉ
BASILIC DOUX EUROPÉEN
CANNELLE

FRAMBOISE
FROMAGES À PÂTE FERME DE PÂTURAGES D'ÉTÉ

GRAINE DE CORIANDRE
VANILLINE
VINAIGRE BALSAMIQUE

VINS COMPLÉMENTAIRES
GINGEMBRE

(Diagramme / carte mentale autour de GINGEMBRE)

ESPAGNE — SEC ET MOELLEUX — SAUTERNES — SEC ET MOELLEUX
AUTRICHE — XÉRÈS FINO ET MANZANILLA — GEWÜRZTRAMINER — JURANÇON — AUSTRALIE
PRIORAT — SCHEUREBE — CABERNET SAUVIGNON — CALIFORNIE
MONSANT — GINGEMBRE — CHILI
CARIÑENA — GARNACHA ESPAGNOL
RIOJA BAJA — FITOU — GRENACHE FRANÇAIS — CORBIÈRES — MUSCAT — SEC ET VIN DOUX NATUREL
VACQUEYRAS — FAUGÈRES — PINOT GRIS — ALSACE
PIC SAINT-LOUP — GIGONDAS

LES INGRÉDIENTS COMPLÉMENTAIRES POUR CUISINER AVEC LE GINGEMBRE

Nombreux sont les ingrédients complémentaires pourvus d'une structure moléculaire semblable au gingembre. On peut les utiliser avec ce dernier pour solidifier la liaison harmonique des saveurs dans l'assiette ou pour les marier avec les vins prescrits pour le gingembre (voir graphique n° 2).

LE « GOÛT DE FROID » DANS LE GINGEMBRE

Le gingembre fait partie du groupe d'aliments « au goût de froid » (voir chapitre du même nom), que j'ai ainsi nommé à cause de la présence de différents composés aromatiques comme la camphène et l'eucalyptol – pour ce qui est du gingembre –, tous deux au goût rafraîchissant et saisissant de camphre et d'eucalyptus.

Le phénomène de « goût de froid » est le même, par exemple, pour l'estragol, dans les pommes, et le menthol, dans la menthe. Ces molécules activent des récepteurs du goût par des températures comprises entre 8 et 28 degrés Celsius et simulent ainsi le froid – contrairement à la capsaïcine des piments forts qui, elle, augmente la température des papilles.

Cela explique la sensation de fraîcheur en bouche, spécialement lorsque le gingembre est dégusté cru – tout comme la pomme, la menthe et les autres aliments au « goût de froid » (voir la liste) lorsqu'ils sont dégustés nature.

LES INGRÉDIENTS AU « GOÛT DE FROID » COMPLÉMENTAIRES AU GINGEMBRE

Basilic vert et basilic sauvage, carotte jaune, céleri cru et sel de céleri, citronnelle, concombre, coriandre fraîche, estragon, eucalyptus, fenouil, lime, mélisse, menthe, panais, persil et sa racine, poivron vert, pomme, raifort, verveine, wasabi.

LES VINS COMPLÉMENTAIRES AU « GOÛT DE FROID » DU GINGEMBRE

Les composés aromatiques au « goût de froid » du gingembre, tout comme les ingrédients aux mêmes molécules rafraîchissantes, rehausseront la perception du froid, et rendront le vin pour ainsi dire encore plus froid !

Ces aliments renforcent par le fait même la perception de l'acidité et de l'amertume dans le vin. En effet, la physionomie du goût explique que le froid augmente la perception de l'acidité et de l'amertume, que ce soit dans un aliment ou un vin, ou lors de la rencontre entre les deux.

Il est donc important de servir le vin blanc moins froid que d'habitude avec ces aliments et d'éviter les vins blancs à l'acidité mordante ainsi que ceux où l'amertume est trop appuyée – à moins d'adorer la présence des goûts amers, ce qui peut être très agréable pour les initiés (voir chapitre *Goût de froid*).

UN PEU DE MIXOLOGIE!

Ferran Adrià, du restaurant elBulli, a été l'un des premiers grands chefs à redéfinir, au début des années quatre-vingt-dix, les cocktails apéritifs avec de nouvelles techniques et de nouvelles saveurs. Il a revisité, entre autres, les cocktails comme la *caipirinha*, la *piña colada* et le *kir royal*.

Depuis, une nouvelle discipline de bar/restaurant est née : la mixologie. Le barman est maintenant un mixologue.

Voici une de mes variations pour m'amuser à jouer les mixologues à l'heure de l'apéritif.

BELLINI GINGER (VARIATION DE FRANÇOIS CHARTIER) :

Comme la bière adore la présence du gingembre (ginger beer), effectuez une variation du Bellini – un cocktail traditionnellement à base de nectar de pêche et de bière.

Primo : Couronnez la bordure d'un grand verre avec du sel de gingembre cristallisé (il suffit de le réduire en grains fins). Vous pourriez aussi utiliser du gingembre en poudre.

Secundo : Ajoutez, au goût, du gingembre frais râpé à un nectar de mangue (environ ½ à ⅔ du verre) avec quelques gouttes de jus de yuzu. Ce sont deux aliments complémentaires, de la même famille moléculaire que le gingembre qui apporteront des saveurs exotiques au « mix ». Le yuzu apportera également une belle acidité à la bière, qui est naturellement peu acide.

Tertio : Complétez avec une bière blonde (en proportion ½ à ⅓ bière au goût, ½ à ⅔ nectar de mangue/yuzy/gingembre). Servez très frais.

Osez une variation en remplaçant la mangue, le yuzu et le gingembre par de la cannebege, de la citronnelle et du galanga, de la même famille moléculaire que le gingembre. Vous pouvez aussi remplacer la bière par un vin mousseux. À vous de jouer!

RE-GINGEMBRE...

Afin de compléter vos connaissances sur le gingembre et son pouvoir d'attraction sur les vins, ne manquez pas de poursuivre l'aventure en vous dirigeant au chapitre *Gewürztraminer/Gingembre/Litchi/Scheurebe*.

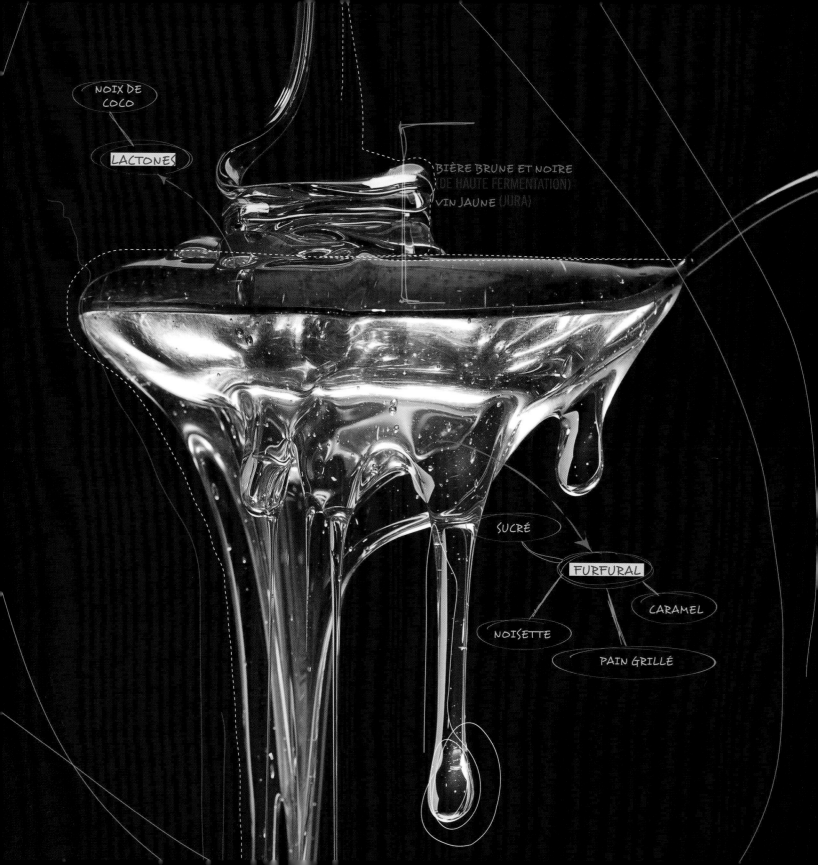

NOIX DE COCO

LACTONES

BIÈRE BRUNE ET NOIRE
(DE HAUTE FERMENTATION)
VIN JAUNE (JURA)

SUCRÉ

FURFURAL

CARAMEL

NOISETTE

PAIN GRILLÉ

SIROP D'ÉRABLE

LA SÈVE AROMATIQUE D'IDENTITÉ QUÉBÉCOISE

« On doit pouvoir faire l'expérience de tout ce qui est réel,
et tout ce dont on peut faire l'expérience doit être réel. »

WILLIAM JAMES

Je profite de ce premier tome de *Papilles et Molécules* pour partager avec vous mes résultats de recherches harmoniques dans l'univers des composés volatils de l'érable et de son si précieux sirop

Suivez-moi sur les chemins des torréfiés et gourmands parfums du sirop d'érable, ainsi que des vins et des boissons en liaison parfaite avec les mets dominés par les produits de l'érable.

L'HISTOIRE, L'ÉLABORATION
ET LA QUALITÉ DU SIROP D'ÉRABLE

Originaire de Chine et du Japon, la famille de l'érable compte plus de 125 variétés, dont 4 espèces nord-américaines « d'érables à sucre » sont cultivées pour la production du sirop d'érable. La variété *Acer saccharum*, qui peuple le Québec, domine largement la production.

On retrouve plus de la moitié des érablières du monde aux États-Unis, mais 75 % du sirop consommé sur la planète est produit par les quelque 7 400 acériculteurs du Québec.

Un hiver froid, une épaisse couche de neige au sol, de grands écarts de températures diurnes et nocturnes lorsque arrivent les premiers jours du printemps et une bonne exposition au soleil sont les conditions *sine qua non* pour l'obtention d'un excellent sirop d'érable.

Au cours d'une saison de récolte qui s'étale sur environ six semaines, un arbre donne plus ou moins 5 à 20 litres d'eau d'érable (certains peuvent en donner jusqu'à 320 litres !). Notons qu'il faut plus ou moins 40 litres d'eau d'érable pour obtenir 1 litre de sirop.

La sève contient environ 3 % de sucrose au début de la saison et la moitié en fin de récolte, ce qui oblige une chauffe plus longue en fin de saison, produisant un sirop plus foncé et plus savoureux (selon les goûts...). Plus longtemps l'eau d'érable sera bouillie, plus coloré et plus généreux sera le sirop.

De nos jours, le procédé d'osmose inverse, le même que dans le monde du vin, est utilisé par de nombreux acériculteurs pour retirer 75 % de l'eau de la sève sans avoir à la chauffer, pour ensuite bouillir le concentré de sève restante et en augmenter les sucres.

La composition finale du sirop est d'environ 62 % de sucrose, 34 % d'eau, 3 % de glucose et 0,5 % d'acide malique et autres acides, ainsi que quelques traces d'acides aminés qui procurent ainsi plénitude et présence en bouche au sirop.

La qualité premium A consiste en un sirop clair, aux saveurs délicates, utilisé seul en dégustation ou comme condiment. Les grades B et C sont des sirops plus richement pourvus en saveurs caramélisées – provenant surtout des furanone, maltol, cyclotène et sotolon, les molécules aromatiques dominantes –, donc employés généralement dans la cuisson de certains plats traditionnels, ainsi que pour glacer les viandes et les poissons.

LE GOÛT ET LE PARFUM DU SIROP D'ÉRABLE

Le goût du sirop d'érable est avant tout dominé par les sucres ainsi que par une grande complexité de saveurs perdurant longuement en fin de bouche. S'y trouvent aussi, mais plus discrètement étant dominés par l'imposante sucrosité du sirop, des saveurs amères provenant de certains acides phénols.

Son parfum est, quant à lui, marqué par un dominant arôme torréfié de graines de fenugrec grillées et de vanille, ainsi que par des notes caramélisées et empyreumatiques provenant de la caramélisation et de la réaction de brunissement entre les sucres et les acides aminés (réaction de Maillard) lors de la cuisson de l'eau d'érable. Il suffit de placer le nez au-dessus de graines de fenugrec grillées pour constater l'étonnant parallèle aromatique entre cette épice indienne et le sirop d'érable.

La prochaine fois que vous aurez du sirop d'érable sous le nez, pensez que l'on peut y dénoter, d'un sirop à l'autre, plus de 250 références aromatiques émanant d'une centaine de composés volatils!

Les arômes détectés dans le sirop d'érable sont regroupés sous différentes familles jouant dans la sphère aromatique du végétal, du floral, du fruité, de l'épicé, du lacté ou encore de l'empyreumatique et de la confiserie.

LES PRINCIPAUX ARÔMES DÉNICHÉS DANS LE SIROP D'ÉRABLE SONT :

Amande, avoine, beurre, blé, bois brûlé, café, cannelle, cassonade, cèdre, champignon, chicorée, chocolat, crème, fenugrec grillé, fleurs, foin coupé, girofle, guimauve, lait, mélasse, miel, noisette, noix, pain grillé, réglisse, sapin, seigle, sucre doré, tire-éponge, vanille.

LA STRUCTURE MOLÉCULAIRE DU SIROP D'ÉRABLE

Dans le complexe parfum du sirop d'érable domine avant tout une molécule aromatique du nom de *maple furanone* (5-éthyl-3-hydroxy-4-méthyl-2-one), aussi nommé *éthyl fenugreek lactone*, une lactone encore plus puissante que le sotolon, à l'arôme caramélisé d'érable et de graines de fenugrec grillé.

À retenir : le sirop d'érable et les graines de fenugrec grillées sont presque des jumeaux!

Le *maple furanone* du sirop d'érable se trouve à l'état naturel dans la sauce soya, dont il signe le bouquet singulier – ce qui explique de façon scientifique l'union fréquente en cuisine entre le soya et le sirop d'érable pour laquer les poissons et les viandes.

On y trouve un autre furanone, le «2,5-dimethyll-4-hydroxy-3(2H)furanone», un composé actif aussi appelé *strawberry furanone*, à l'odeur caramélisée et fruitée d'ananas brûlé et de fraise cuite, aussi présent, entre autres, dans la noisette et l'amande (grillées), le café, la sauce soya, le maïs soufflé et les tacos cuits, le malt, la bière, le fromage suisse, le bœuf bouilli. Ce sont tous des aliments complémentaires pour cuisiner avec le sirop d'érable.

D'autres lactones s'y trouvent également. Ces molécules aromatiques, aussi typiques des vins élevés en barriques de chêne, ont des tonalités fruitées (abricot/pêche et noix de coco), de fruits secs (amande et noisette) ou de caramel.

Parmi les nombreux composés aromatiques du sirop d'érable, il y a aussi le maltol, à l'odeur de sucre brûlé, jouant dans la sphère fruitée/sucrée de la barbe à papa (notez que le maltol est utilisé comme exhausteur de goût dans la barbe à papa, ainsi que dans de nombreux autres produits), aussi typique des notes boisées torréfiées des vins élevés en barriques de chêne. On trouve aussi le maltol dans le madère, le porto tawny, la chicorée, le cacao, le café, le lait cuit, le malt rôti, la fraise cuite et la croûte de pain.

SUCRE BRÛLÉ : PLUSIEURS ORIGINES AROMATIQUES...

De nombreuses molécules actives peuvent être responsables de l'odeur typique de sucre brûlé associée à plusieurs produits cuits (caramel, barbe à papa, sirop d'érable, madère, fraises et ananas) et torréfiés (chicorée et café). Parmi celles-ci : l'acétate de furanone, le coronol, le corynol de méthyle, le cyclotène, le cyclotène d'éthyle, le furanone, le maltol, le maltol d'éthyle, le *maple furanone*, le mesifurane, et le sotolon.

Le sirop d'érable signe aussi son identité aromatique par une molécule du nom de sotolon (voir le chapitre du même nom), à l'odeur complexe jouant dans la zone noix/curry/fenugrec/caramel/érable. Cet important composé, à l'arôme puissant, participe aussi à la signature aromatique du curry, du fenugrec, de la sauce soya, du vinaigre balsamique, du café, de la barbe à papa, du céleri cuit et du sel de céleri.

Le sotolon participe également au profil aromatique de la bière noire, du vin jaune du Jura, du xérès et du motilla-moriles (plus particulièrement l'amontillado et l'oloroso), du porto tawny, du madère, des vins doux naturels rouges et blancs (élevés en milieu oxydatif), du vieux champagne, du vin santo, de certains sakés, ainsi que du vieux rhum brun et des vins liquoreux élaborés à partir de raisins atteints par la pourriture noble (*botrytis cinerea*), comme le sont ceux de Sauternes et de Tokaji (idéalement âgés d'une dizaine d'années).

Cette longue liste de composés aromatiques qui s'entremêlent dans l'arôme du sirop d'érable se poursuit avec le cyclotène (*methylcyclopentenolone*). On trouve le cyclotène chez tous les produits grillés ou rôtis contenant des sucres. Il ressemble au furanone et au maltol, dégageant une odeur très puissante à mi-chemin entre la réglisse et l'érable.

Le cyclotène existe à l'état naturel dans l'amande grillée, le café, le cacao et le fenugrec grillé, et, dans une moindre mesure, dans le cassis, l'oignon, le pain de blé, le porc séché et cuit, la bière, l'orge, la sauce sukiyaki, la réglisse, la bonite séchée et les racines de chicorée rôties.

Dans le café, le cyclotène d'éthyle agit comme un exhausteur de goût. Donc, si vous mariez en cuisine le sirop d'érable, déjà riche en cyclotène, et le café, qui lui, est pourvu de cyclotène d'éthyle, le café aura pour effet de donner de la présence et de l'ampleur aux saveurs du sirop d'érable !

LE CAFÉ : UN EXHAUSTEUR DE GOÛT

Imaginez le café marié à d'autres aliments et boissons qui ont un effet exhausteur, comme c'est le cas du maltol, du xérès et de l'asperge, sans oublier tous les aliments riches en umami (glutamate) ! Profitez-en pour magnifier vos recettes !

Impossible de passer sous silence la présence dans le sirop de l'importante molécule boisée et épicée qu'est l'eugénol, la principale composante active de l'odeur du clou de girofle (voir le chapitre du même nom), tout comme des vins élevés en barriques de chêne.

CYCLOTÈNE D'ÉTHYLE = EXHAUSTEUR DE GOÛT

1.

MÊMES COMPOSÉS VOLATILS

SIROP D'ÉRABLE & VINS ÉLEVÉS EN BARRIQUES DE CHÊNE

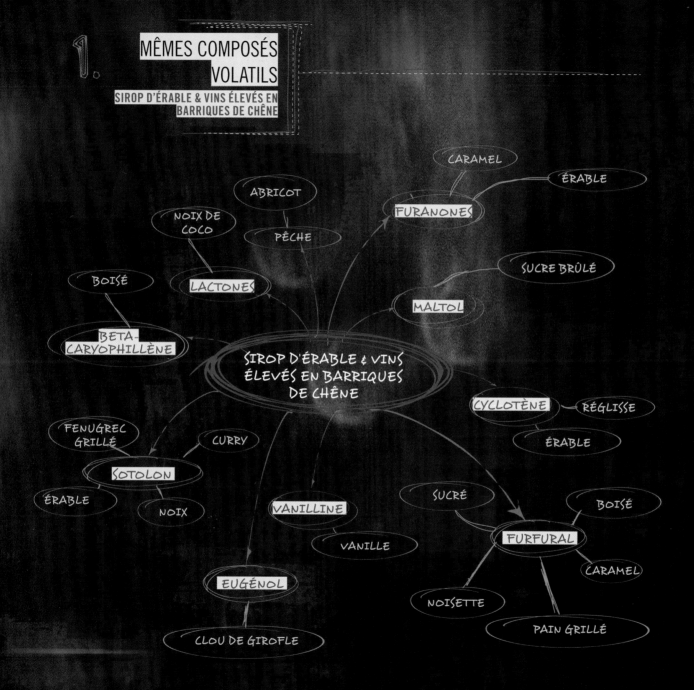

- CARAMEL
- ÉRABLE
- FURANONES
- ABRICOT
- NOIX DE COCO
- PÊCHE
- SUCRE BRÛLÉ
- LACTONES
- BOISÉ
- MALTOL
- BETA-CARYOPHILLÈNE

SIROP D'ÉRABLE & VINS ÉLEVÉS EN BARRIQUES DE CHÊNE

- CYCLOTÈNE
- RÉGLISSE
- ÉRABLE
- FENUGREC GRILLÉ
- CURRY
- SOTOLON
- ÉRABLE
- NOIX
- VANILLINE
- SUCRÉ
- BOISÉ
- FURFURAL
- VANILLE
- CARAMEL
- EUGÉNOL
- NOISETTE
- CLOU DE GIROFLE
- PAIN GRILLÉ

2. PRINCIPAUX ALIMENTS COMPLÉMENTAIRES
SIROP D'ÉRABLE

ABRICOT
AMANDE GRILLÉE
ANANAS
ARACHIDE GRILLÉE
BARBE À PAPA
BOIS DE SANTAL
CACAO/CHOCOLAT NOIR
CAFÉ
CANNELLE
CÉLERI CUIT ET SEL DE CÉLERI
CERISE
CHAMPIGNONS
CHICORÉE TORRÉFIÉE
CLOU DE GIROFLE
CRUSTACÉS

CURRY
EUCALYPTUS
FÈVE TONKA
FRAISE
FRAMBOISE
FROMAGE SUISSE
GUIMAUVE
GRAINES DE FENUGREC
GRILLÉES
LAIT CUIT
MAÏS SOUFFLÉ
NOISETTE GRILLÉE
NOIX DE COCO
PAIN GRILLÉ
PÊCHE

POISSON FUMÉ
POUDRE DE MALT
PRUNE
RAISIN
RÉGLISSE
SAUCE SOYA
TABAC
TACOS CUITS
VANILLE
VIANDE GRILLÉE
FUMÉE OU RÔTIE
VINAIGRE BALSAMIQUE
YLANG-YLANG

3. VINS ET BOISSONS COMPLÉMENTAIRES
SIROP D'ÉRABLE

BIÈRE BRUNE ET NOIRE (DE HAUTE FERMENTATION)
VIN JAUNE (JURA)
MONTILLA-MORILES (AMONTILLADO ET OLOROSO)
MADÈRE (BUAL ET MALMSEY)
PORTO TAWNY
XÉRÈS (AMONTILLADO, OLOROSO, PEDRO XIMÉNEZ)
SAKÉ NIGORI

RHUM BRUN (VIEUX)
BOURBON AMÉRICAIN
EAUX-DE-VIE (ÉLEVÉES EN BARRIQUES)
KIRSCH
AMARETTO

On retrouve aussi, dans le sirop d'érable, le benzaldéhyde, la molécule aromatique de l'amande, de l'abricot, de la cerise, de la fraise, de la framboise, de la pêche, de la prune et du raisin, et qui parfume aussi le kirsch et l'amaretto. À la longue liste s'ajoutent les furfural et ß-caryophillène aux notes boisées, ainsi que les nombreux terpènes, marqueurs d'odeurs de conifères et d'agrumes. Vous ne l'aviez pas cru aussi complexe, notre traditionnel sirop d'érable!

BARRIQUE DE CHÊNE ET SIROP D'ÉRABLE; MÊME PROFIL...

Quand on examine la liste des composés actifs du sirop d'érable, on note la très grande similitude avec les composés dénichés dans les vins élevés en barriques de chêne.

C'est que le chêne et l'érable sont deux essences qui, dans leur transformation par l'utilisation de la chaleur – la barrique de chêne est brûlée plus ou moins intensément à l'intérieur avant son utilisation, et l'eau d'érable est chauffée à haute température pour la transformer en sirop –, voient leurs composés actifs se magnifier en une kyrielle de nouvelles molécules encore plus complexes et aromatiques.

Dans les vins élevés en barriques et dans le sirop d'érable, on trouve des lactones – aux tonalités fruitées (abricot/pêche et noix de coco), de fruits secs (amande et noisette) ou de caramel –, dont les furanones (plus particulièrement le *maple furanone* à l'odeur caramélisée d'érable).

S'y ajoutent le maltol (sucre brûlé), le cyclotène (odeur puissante entre la réglisse et l'érable), le furfural (odeur sucrée/boisée/pain grillé/noisette/caramel aux nuances brûlées), la vanilline (vanille), l'eugénol (clou de girofle), le sotolon (odeur complexe jouant dans la zone de noix/curry/fenugrec/caramel/érable), le ß-caryophillène (odeurs boisées), ainsi que de multiples autres molécules présentes dans le produit du chêne et de l'érable.

Tous ces points communs expliquent le lien harmonique évident entre la cuisine au sirop d'érable en mode sucré et les vins élevés longuement en barriques et en fûts de chêne, comme le sont, entre autres, les sauternes, les portos tawnies, les madères et les xérès de type oloroso.

Il ne faut pas oublier les vins secs, qu'ils soient blancs ou rouges, aussi marqués, aromatiquement parlant, par le chêne torréfié des barriques, qui permettent une union juste avec une cuisine salée, rehaussée avec retenue par les arômes de l'érable.

D'ailleurs, les vins élevés en barriques de chêne d'origine américaine étant plus richement pourvus en molécules aromatiques proches parentes avec celles de l'érable, ils sont encore plus étroitement liés au sirop d'érable. C'est le cas de certains chardonnays du Nouveau Monde, comme d'autres vins rouges californiens ou espagnols, dont ceux de la Rioja et de la Ribera del Duero, où le chêne américain est encore passablement présent.

Enfin, les eaux-de-vie ayant séjourné longuement en barriques de chêne, comme le cognac, l'armagnac, le bourbon américain et le scotch écossais, sont aussi à envisager avec certaines compositions salées, salées-sucrées ou sucrées à base de sirop d'érable.

LES COMPOSÉS PHÉNOLIQUES

Tout comme les vins et de nombreux aliments, incluant la vanille, l'eau d'érable, et surtout le sirop qui résulte de sa cuisson, sont très riches en divers composés phénoliques. Parmi ceux-ci, l'acide p-coumarique, un dérivé de l'acide cinnamique présent dans les arachides, la cannelle, la tomate, la carotte et l'ail et l'acide férulique, une composante des lignines présentes dans le bois, dérivé de l'acide cinnamique et précurseur d'autres composés aromatiques comme la vanilline.

Ce même acide férulique est aussi présent dans le café, la pomme, l'artichaut, l'arachide, l'orange et l'ananas et le 5-hydroxymethyl-2-furaldéhyde, qui signe aussi le parfum du caramel et du miel.

Enfin, on y trouve les autres composés chimiques suivants : acide homovanillique, acide protocatéchuique, acide sinapinique, acide syringique, acide vanillique, alcool coniférique, catéchine, coniférylaldéhyde, dérivés de flavanols et de dihydrofavonols, syringaldéhyde.

LA ROUE DES FLAVEURS DE L'ÉRABLE

Si aujourd'hui nous connaissons mieux la structure aromatique de notre célèbre sirop, c'est en grande partie grâce à l'équipe dirigée par Jacinthe Fortin. Mme Fortin est analyste en évaluation sensorielle, attachée au Centre de recherche et de développement sur les aliments, situé au centre d'Agriculture et Agroalimentaire Canada à Saint-Hyacinthe. Les résultats des travaux effectués autour du sirop d'érable sont maintenant accessibles grâce à *La roue des flaveurs de l'érable* (disponible gratuitement sur le site Internet www.agr.gc.ca), créée par une équipe d'analystes chevronnés.

À TABLE AVEC LE SIROP D'ÉRABLE

Comme vous avez pu le constater, la liste de composés qui complexifient le bouquet et les saveurs du sirop d'érable est très longue. La liste des ingrédients complémentaires à l'érable dans lesquels on trouve les mêmes molécules aromatiques que ce dernier est encore plus longue. Résultat : une multiplication des chemins harmoniques, tant entre les aliments dans la réalisation de recettes qu'entre l'assiette et le verre.

LES VINS POUR RÉUSSIR L'HARMONIE

La complémentarité moléculaire entre le sirop et les vins est passablement riche, ce qui permet de belles envolées harmoniques entre l'assiette et le verre.

Chez les vins secs, pour une cuisine plus salée que sucrée, il y a les chardonnays du Nouveau Monde, comme certains vins rouges californiens, ainsi qu'espagnols, dont ceux de la Rioja et de la Ribera del Duero, où le chêne américain est encore passablement présent ainsi que les vieux champagnes.

Chez les vins sucrés, pour une cuisine pouvant être soit salée-sucrée, soit sucrée, optez pour les sauternes et les tokaji aszú (idéalement âgés d'une dizaine d'années), les vins doux naturels rouges et blancs (élevés en milieu oxydatif) et le vin santo.

Comme certaines molécules aromatiques du sirop d'érable sont fortement représentées dans la cannelle, il faut opter pour les vins qui lui siéent bien, avec, en tête, le cidre de glace québécois, puis les gewürztraminer (vendanges tardives ou sélection de grains nobles), grenache et pinot noir.

S'y ajoutent les vins et boissons déjà nommés pour cuisiner avec le sirop : bière brune et noire (de haute fermentation), vin jaune (Jura), xérès et motilla-moriles (amontillado et oloroso), madère (bual et malmsey), porto tawny, saké, rhum brun (vieux), bourbon américain, eaux-de-vie (élevées en barriques), kirsch, amaretto.

LES PLAISIRS HARMONIQUES AVEC LE SIROP D'ÉRABLE

Ce qui a été dit jusqu'à maintenant ouvre la voie à des idées de recettes ainsi qu'à des choix harmoniques pour réussir l'accord lorsque vient le temps de s'attabler à la cabane à sucre ou de cuisiner en mode salé avec le sirop d'érable.

Si, par exemple, vous cuisinez un saumon à l'érable et à la bière noire, la sucrosité de l'érable et l'amertume de la bière noire seront vos clés pour réussir l'accord avec un saké à faible taux d'alcool et riche en acides aminés comme le Saké Nigori Gekkeikan, San Francisco, États-Unis. Avec seulement 10 % d'alcool et servi froid, il se montre crémeux, quasi sucré et enveloppant à souhait – ce qu'il fait d'ailleurs avec brio dans la majorité des mets servis à la cabane à sucre.

QUE BOIRE À LA CABANE À SUCRE ?

Vous pouvez opter, entre autres, pour un saké à faible taux d'alcool et riche en acides aminés, tel un original, délectable et lacté Saké Nigori, ou encore pour un plus classique liquoreux légèrement touché par la pourriture noble, idéalement de quelques années de bouteilles, tels certains crus français de Monbazillac, de Sainte-Croix-du-Mont et de Sauternes.

Sachez que certaines bières de dégustation peuvent être aussi complexes à table que le vin. Par exemple, servez dans un verre à vin évasé, presque à température ambiante, donc juste fraîche, une bière noire, comme la pénétrante, cacaotée et torréfiée Boréale Noire, Type Stout « Noire Pur Malt », Les Brasseurs du Nord (5,5 % alc.), qui sait aussi tenir tête au salé-sucré du jambon à l'érable.

Même jeu harmonique pour les médaillons de porc à l'érable et patates douces, garniture de pacanes épicées. Avec la marinade dominée par le sucré de l'érable et l'acidité fruitée du vinaigre de cidre, ainsi qu'avec les notes sucrées subtiles des pacanes et des patates douces, pas le choix. Il vous faut sortir des sentiers battus. Osez un éclectique vin jaune jurassien, comme ceux des maisons Rolet et de Stéphane Tissot, aux effluves de noix, de curry et d'érable, ainsi que très sec, minéralisant et vivifiant en bouche. Il fera sensation même sur le salé imposant des oreilles de crisse !

Vous pourriez aussi opter pour suivre une piste plus sucrée, en servant soit un caramélisé Porto Tawny 10 ans d'âge, servi frais, soit un liquoreux légèrement touché par la pourriture noble, comme un Sauternes, ainsi que les crus de ses appellations voisines. Tous des compagnons sur mesure pour vous éclater avec brio à la cabane à sucre et laisser de côté le traditionnel et moins inspirant verre de lait...

QUELQUES CRÉATIONS HARMONIQUES
CONÇUES LORS D'ÉVÉNEMENTS SPÉCIAUX

À la demande de la chef «alchimiste» des épices, Racha Bassoul, du défunt restaurant montréalais Anise, j'ai eu le grand privilège d'être l'inspirateur d'un menu, sous le thème *La route des épices* (présenté du 22 février au 3 mars 2007), donc de sélectionner les vins et de la guider vers le choix des épices et la construction des plats, toujours «pour et par» les vins servis.

J'ai cru bon de partager avec vous les chemins ayant conduit à l'une des créations, autour du sotolon et de l'érable, servi au deuxième acte de ce repas :

Cuvée Sotolon
Inspirée par les Romains et signée
François Chartier

À base d'un jeune jurançon sec, dans lequel ont été préalablement macérées des graines de fenugrec grillées, afin de lui donner un profil plus évolué et épicé, à l'image des vins de la Rome antique.

et

Trois Princess et trois *espumas*

Pétoncles Princess et leur corail, espuma en trois versions (saké et eau de mer; fenugrec grillé macéré au vin; sirop d'érable), accompagnés de cressonnette de shiso rouge.

Du «sur mesure» pour atteindre l'accord parfait avec un plat composé à partir d'éléments partageant la même molécule aromatique, en l'occurrence le sotolon. Il y avait l'iode des pétoncles, le saké, l'érable, les graines de fenugrec grillées et l'eau de mer des *espumas* (mousses aériennes, à la façon des écumes, obtenues dans un siphon, sans aucun support de gras).

Tout, dans ce plat et dans ce vin, m'a été inspiré par le puissant parfum des graines de fenugrec grillées, dominé par le soloton et à la tête de la signature aromatique du sirop d'érable.

QUELQUES AUTRES IDÉES DE PISTES HARMONIQUES
CONÇUES LORS D'ÉVÉNEMENTS SPÉCIAUX

+ Saumon laqué à l'érable, réduction soya-balsamique, champignons sautés **Asuncion Oloroso, Montilla-moriles, Alvear, Espagne**
+ Terre & mer catalan/indien/québécois de foie gras poêlé et pétoncles fortement grillés, réduction curry-érable (variation du surf'n turf anise; voir recette dans le livre *À table avec Chartier*) **vin jaune 1985 Château-chalon, Henri Maire, France**
+ Croustade de foie gras aux pommes, pain d'épices, érable et curry (variation de la croustade de foie gras aux pommes; voir recette dans le livre *À table avec Chartier*) **Tokaji aszú «5 puttonyos», Disnoko, Hongrie**

BASILIC VERT
CAROTTE
COING
CORIANDRE
CURCUMA

BIÈRE
EXTRA-FORTE

CHARDONNAY BOISÉ

GALANGA
GINGEMBRE
GRAINES DE SÉSAME GRILLÉES
JAMBON SÉCHÉ ET VIEILLI (JAMBON IBÉRIQUE,
PROSCIUT

FROMAGES À PÂTE
DEMI-FERME ET À PÂTE FERME

FROMAGES DU QUEBEC

SUR LEUR PISTE AROMATIQUE

« Dès mes premières années,
j'avais reçu quantité de fausses opinions pour véritables. »
RENÉ DESCARTES

Je vous entraîne maintenant au cœur de mon travail de dépistage des molécules volatiles des saveurs complexes de certains fromages et des vins qui devraient maintenant plus que jamais être en liaison parfaite avec les plus beaux fromages québécois, sans oublier quelques classiques européens.

Le présent chapitre est présenté en trois thèmes distincts, soit les fromages à pâte demi-ferme et à pâte ferme (Thème I), les fromages à croûte fleurie (Thème II) et les fromages bleus (Thème III). Mais avant tout, plongeons au cœur de la structure moléculaire générale des fromages.

LA STRUCTURE AROMATIQUE DES FROMAGES

Dans la majorité des fromages, on retrouve, entre autres, des caroténoïdes, qui leur donnent une couleur jaune plus ou moins marquée, ainsi que des peptides et des acides gras. Ces derniers ont un effet exhausteur sur le goût du lait de brebis et de mouton, tout en provoquant un effet poivré sur la langue lors de la dégustation des fromages bleus.

S'ajoutent aux caroténoïdes des cétones méthylées, qui donnent la saveur caractéristique au fromage bleu, ainsi que de nombreux acides aminés (participant à la saveur umami), comme la putrescine (au goût de viande faisandée), la triméthylamine (à l'odeur de poisson, dont le hareng), ainsi que des composés soufrés et ammoniaqués.

Notons également la présence du diacétyle, à l'odeur puissante et pénétrante de beurre, reconnu comme l'une des signatures aromatiques les plus importantes chez les fromages et certains autres produits laitiers. Fait intéressant, on trouve du diacétyle dans divers autres produits comme l'huile de lavande, certaines fleurs (narcisse/tulipe), certains vins, dont le xérès fino et les vins blancs de pays chauds élevés en barriques sur lies, la bière de haute fermentation, ainsi que dans le café, le thé, le cognac, le scotch, le chou, les pois verts, la tomate, la goyave, le miel, le poulet, le porc et le bœuf. Ces produits deviennent des ingrédients et des boissons complémentaires pour cuisiner et harmoniser les fromages.

On trouve aussi dans les fromages l'acétoïne, un composé actif à la saveur grasse, crémeuse et beurrée, rappelant le beurre et le yogourt, qui est aussi l'un des importants composés volatils des xérès fino et manzanilla (voir chapitre *Fino et Oloroso*), et qui participe fortement à donner l'identité aromatique au fromage et à d'autres aliments et boissons.

LES ALIMENTS ET LES BOISSONS MARQUÉS PAR LA PRÉSENCE D'ACÉTOÏNE :

Asperge, beurre, bière de haute fermentation, brocoli, cantaloup, chou de Bruxelles, coing, fraise, grains de café torréfiés, lait, poireau frais et cuit, pomme fraîche et cuite, sirop de maïs, thé fermenté, vins blancs de pays chauds élevés en barriques sur lies, yogourt. Ce sont tous des ingrédients d'une grande compatibilité moléculaire, qui combinés,

CORIANDRE

RIESLING

CURCUMA

permettront la réalisation de recettes harmonieuses avec le fromage, et une belle rencontre avec, entre autres, le xérès fino et la manzanilla.

Notons que les tonalités aromatiques de pain grillé et de biscuit présentes dans certains fromages sont engendrées par deux molécules volatiles, soit le cyclotène et le maltol. Chez les vins, ces deux composés aromatiques proviennent du bois de chêne ayant été soumis à l'action du feu avant utilisation de la barrique. Cela vient appuyer la thèse de certains accords entre les fromages et les vins élevés en barriques, plus particulièrement ceux à base de chardonnay. Sachez que le cyclotène et le maltol participent aussi aux arômes de pain et de biscuit détectés dans la bière, le pain grillé et les pâtisseries.

THÈME 1
LES FROMAGES À PÂTE DEMI-FERME
ET À PÂTE FERME

Une bonne partie des meilleurs fromages fermiers québécois, plus particulièrement ceux présents sur le marché à l'automne et au début de l'hiver, proviennent de pâturages d'été, c'est-à-dire de lait de troupeaux ayant brouté dans les champs garnis d'herbes fraîches et de fleurs en juillet et en août. Il en résulte des fromages très parfumés, aux notes aromatiques complexes engendrées par la fraîcheur éclatante de cette alimentation naturelle, souvent de culture biologique.

Les fromages à pâte demi-ferme et à pâte ferme, affinés de deux à trois mois, s'expriment à ce moment fort de l'année fromagère par des notes d'herbe et de fleurs provenant de molécules aromatiques de la famille des terpènes, dont le très floral linalol (lavande/muguet).

Ces fromages sont souvent dotés d'une couleur jaune plus ou moins marquée provenant des pigments des caroténoïdes, structure moléculaire qui ressemble étrangement à celle du safran, aussi riche en linalol (fleurs) et en caroténoïdes. Le linalol est aussi très présent dans le xérès fino, tout comme dans les vins blancs de muscat, de gewürztraminer et de riesling. Ce dernier cépage est le plus fort en notes terpéniques et en caroténoïdes, les deux principaux groupes de molécules aromatiques qui signent la saveur des fromages à pâte demi-ferme ou à pâte ferme.

Les caroténoïdes existent sous diverses couleurs : jaune, orange et rouge. Ils donnent leur couleur jaune ou orangée aux fruits, aux légumes et aux épices, dont la carotte, le coing, la poire, la pomme et le safran, ainsi que la couleur rouge aux tomates et au melon d'eau.

Chez les vins, les caroténoïdes sont surtout présents dans les cépages dits «non aromatiques», comme le chardonnay, le sauvignon blanc et le riesling, ainsi que dans certains vins rosés.

Cela confirme et explique de façon scientifique ce que plusieurs sommeliers, avaient dénoté de façon empirique : la place privilégiée du vin blanc avec les fromages!

Avec les fromages à pâte demi-ferme ou à pâte ferme, optez pour des rieslings floraux, des muscats et des gewürztraminers secs ou doux, le xérès de type fino et manzanilla, pour certains chardonnays, non boisés, en mode floral, ainsi que pour des rosés.

Enfin, puisque les parfums floraux engendrés par le linalol se trouvent aussi dans le basilic vert, la coriandre et les litchis, ainsi que les pigments de caroténoïdes dans la carotte, le coing, la poire, la pomme et le safran, osez cuisiner ou accompagner ces fromages avec ces ingrédients qui enrichiront les liaisons harmoniques avec le vin.

TRUC DU SOMMELIER-CUISINIER
Enrobez les fromages à pâte demi-ferme et à pâte ferme de graines de coriandre ou accompagnez-les d'une salade mesclun rehaussée de coriandre fraîche ou de basilic, avec quelques quartiers de pomme ou de poire. Servez un vin blanc de type riesling. Pourquoi ne pas accompagner d'une julienne de carottes au safran (légèrement cuites, car elles développent une note florale de violette...)?

QUELQUES PISTES HARMONIQUES À ENVISAGER
Servez un jeune et très floral riesling alsacien, comme le Riesling Réserve, Alsace, Domaine Fernand Engel, France, avec un plateau composé du fromage Le D'Iberville, de la Fromagerie Au Gré des Champs (Saint-Jean-sur-Richelieu), et du fromage Le Grondines, de la Fromagerie des Grondines (Portneuf). Les parfums d'herbe et de fleurs de ces fromages, tout comme leurs saveurs lactées et salines, trouveront écho dans ce vin à la fois ample et vivifiant.

1.

THÈME I

ALIMENTS COMPLÉMENTAIRES
FROMAGES À PÂTE DEMI-FERME ET À PÂTE FERME

BASILIC VERT
CAROTTE
COING
CORIANDRE
CURCUMA

GALANGA
GINGEMBRE
LAVANDE
LITCHI
POIRE

POMME
RAISIN MUSCAT
SAFRAN
VIOLETTE

THÈME I

VINS COMPLÉMENTAIRES
FROMAGES À PÂTE DEMI-FERME ET À PÂTE FERME

NON BOISÉ

FLORAL

CHARDONNAY

RIESLING

SAUVIGNON BLANC

XÉRÈS FINO

BIÈRE

BLANCHE

FROMAGES À PÂTE DEMI-FERME ET À PÂTE FERME

XÉRÈS MANZANILLA

MUSCAT

VIN ROSÉ

SEC OU DOUX

GEWÜRZTRAMINER

Si vous optez plutôt pour des fromages plus soutenus, comme Le Pied-de-Vent, de la Fromagerie du Pied-de-Vent (Havre-aux-Maisons, Îles-de-la-Madeleine) et le fromage Le Gré des Champs, de la Fromagerie Au Gré des Champs (Saint-Jean-sur-Richelieu), sélectionnez un blanc un brin plus dense et plus nourri, aux arômes allant sur la même piste aromatique, comme c'est le cas de la remarquable Cuvée Marie 2006 Jurançon Sec, Charles Hours, France. Ce grand blanc à prix modique doit être servi à 14-15 degrés Celsius, en carafe, pour saisir sa véritable nature et permettre l'harmonie en symbiose avec ces deux fromages.

Pour ce qui est des fromages affinés plus longuement, comme Le Valbert, affiné de 90 à 180 jours, de la Fromagerie Lehmann (Hébertville, Saguenay–Lac-Saint-Jean) et l'Alfred le fermier, affiné de 6 à 8 mois, de la Fromagerie La Station (Compton), permettez à leurs saveurs d'herbe et de fleurs séchées de s'exprimer haut et fort grâce à l'union avec un xérès, comme le tout aussi sec, compact et aromatique Manzanilla Papirusa, Xérès, Emilio Lustau, Espagne.

Enfin, si vous aimez terminer votre repas en accompagnant vos fromages d'un porto ou d'un vin doux naturel, optez pour le fromage Le Cru des Érables, de la Fromagerie de l'Érablière (Mont-Laurier). Ce fromage à pâte molle et à croûte lavée est affiné pendant 60 jours dans les caves de la cabane à sucre familiale, avec le Charles-Aimé Robert, un acéritif québécois de sève d'érable de type porto.

Les saveurs complexes et pénétrantes du Cru des Érables sont dominées par des notes d'érable qui émanent de la famille du sotolon (voir le chapitre du même nom). Cette molécule aromatique signe aussi le profil aromatique du curry, des noix et des graines de fenugrec grillées, tout comme des vins doux naturels rouges et blancs (élevés en milieu oxydatif), ainsi que des sauternes âgés (plus de 10 ans), des vieux champagnes, du vieux rhum, du porto tawny, du madère et de certains xérès et montilla-moriles de type oloroso.

Ce sont des aliments et des vins à privilégier pour s'unir à ce fromage unique, comme c'est le cas du délicieux Warre's Otima 10 ans, Porto Tawny, Warre & Ca., Portugal, au nez invitant de cassonade, d'érable, de figue, de noix et d'épices, ainsi qu'à la bouche ample, suave et assez puissante.

L'excellent, subtil et longiligne vin doux naturel blanc Cazes Ambré 1995 Rivesaltes, France, à base de grenache blanc,

marqué comme nul autre par les parfums de la famille du sotolon, sera tout aussi gourmand et explosif avec le fromage Cru des Érables.

FROMAGES SUISSE, MIMOLETTE ET PARMIGIANO REGGIANO

Ces fromages sont surtout marqués par des diméthylpyrazines (à l'odeur de café, cacao, chicorée et sirop d'érable), ainsi que par des acides gras, dont des esters fruités (aux tonalités ananas/fraise) et des lactones (abricot/pêche/noix de coco). C'est ce qui explique leur très grand pouvoir harmonique avec une multitude de vins tous azimuts, et avec les recettes ayant ces aliments pour base.

THÈME II
LES FROMAGES À CROÛTE FLEURIE

Nous voici au cœur de la piste des saveurs beurrées et crémeuses de certains fromages à croûte fleurie du Québec et, bien sûr, des vins qui devraient maintenant plus que jamais être en liaison parfaite avec nos plus beaux fromages.

Il est intéressant de noter que plus j'approfondis la structure moléculaire des fromages, plus se confirme l'union parfaite avec les vins blancs que je vous propose depuis de nombreuses années. Ainsi, le rouge a rarement sa place tant dans l'expérience organoleptique que dans la description scientifique de ces deux protagonistes – à moins de « trafiquer » les fromages à croûte fleurie en les farcissant avec des condiments, comme une pommade d'olives noires, pour les vins de syrah, ou un concassé de clou de girofle (voir recette dans le chapitre *Clou de girofle*) pour les crus de Bierzo.

La compréhension scientifique des harmonies ouvre la porte à un choix plus éclairé et plus judicieux des vins blancs et des bières à harmoniser avec les fromages, tout comme de nouvelles idées pour « trafiquer » certains fromages afin d'aider à l'harmonie avec le vin rouge. Cette connaissance plus pointue des fromages me permet donc de peaufiner l'approche sur papier, puis de la confirmer en pratique, en revenant au verre et à l'assiette, donc à la dégustation des vins, des bières et des fromages.

Prenons, par exemple, le cas des fromages à croûte fleurie, de type brie et camembert, certains étant des doubles-

THÈME II

VINS ET BOISSONS COMPLÉMENTAIRES
FROMAGES À CROÛTE FLEURIE

CHARDONNAY ÉLEVÉ EN BARRIQUES (CALIFORNIE ET AUSTRALIE).
VINS BLANCS GRAS (ÉLEVÉS EN BARRIQUES SUR LIES ET PROVENANT DE PAYS CHAUDS)

BIÈRES ANGLAISES (PALE ALE ET BROWN ALE)
BIÈRES BELGES (D'ABBAYE ET FONCÉES)

crèmes, d'autres des triples-crèmes. Les saveurs de ces fromages crémeux sont dominées par de nombreux composés volatils, dont certains acides aminés, qui apportent du volume et de la présence en bouche (c'est l'umami des Japonais), ainsi que le diacétyle.

Ce dernier, une cétone, signe l'odeur caractéristique du beurre et, en forte proportion, de la transpiration humaine… Le diacétyle est présent dans les produits lactés, comme le beurre, la crème fraîche et le fromage, plus particulièrement ceux à croûte fleurie.

Là ne s'arrête pas l'intérêt. Le diacétyle est une molécule aromatique aussi présente dans les vins, qui donne au chardonnay élevé en barriques de chêne, élevé sur lies, sa note caractéristique de beurre, particulièrement aux chardonnays provenant de climat chaud, comme ceux de Californie et d'Australie. En effet, les méthodes d'élevage en barriques sont très utilisées dans ces régions. Plus le degré d'alcool du vin est élevé, comme c'est souvent le cas sous ces cieux, plus les saveurs de beurre, et ses dérivés comme le caramel, y sont présentes. L'élevage en barriques sur lies engendre aussi dans le vin une bonne quantité d'acides aminés, comme celles du fromage.

Le même phénomène se traduit aussi chez les bières à haute fermentation, au degré d'alcool passablement élevé, plus particulièrement chez les bières anglaises de type *pale ale* et *brown ale*, ainsi que chez les bières belges foncées. Le diacétyle et les acides aminés, au goût «umami», jouent un rôle important dans leurs saveurs, ainsi que dans l'harmonie avec les fromages. Ceci explique cela!

QUELQUES PISTES HARMONIQUES À ENVISAGER

Avec les fromages Casimir, de la Fromagerie de l'Érablière (Mont-Laurier), et Le Petit Normand, de la Fromagerie La Suisse Normande (Saint-Roch-de-l'Achigan), deux québécois qui se rapprochent le plus du camembert, optez pour un tout aussi beurré, crémeux et enrobant chardonnay du Nouveau Monde, comme c'est le cas pour le Chardonnay Le Bonheur, Simonsberg-Stellenbosch, Afrique du Sud. Un chardonnay typiquement austral, aux parfums boisés, sans trop, exhalant des notes de crème fraîche, de vanille et d'épices douces, à la bouche ronde, fraîche et persistante.

Le fromage Champayeur, de la Fromagerie du Presbytère (Sainte-Élizabeth-de-Warwick), une croûte fleurie assez compacte et crayeuse, donc moins coulante que les autres fromages de la même catégorie, qui se rapprochent plus du camembert. Ici, un chardonnay à la structure moins «grasse» sera de mise afin d'aller dans le sens du grain et de la compacité du fromage. Ce à quoi répondra avec précision le mi-européen, mi-australien d'approche Chardonnay «Swan Bay»

Scotchmans Hill, Victoria, Australie. Un blanc d'une belle matière nourrie, sans excès, à l'acidité modérée, au corps ample et aux saveurs expressives, jouant dans la sphère de la pomme golden, l'ananas et le beurre frais.

TRUC DU SOMMELIER-CUISINIER

Fromage à croûte fleurie trafiqué pour l'accord avec le rouge

Un truc simple et efficace pour aider votre vin rouge préféré à rester en selle avec ce type de fromage habituellement sans merci pour les tanins du rouge... Coupez horizontalement le fromage en deux morceaux. Saupoudrez des clous de girofle concassés très fins sur le dessus du premier morceau de fromage. Replacez le deuxième morceau de fromage sur le premier, emballez et laissez macérer quelques jours en le conservant au frais (voir photo au chapitre *Clou de girofle*). Une harmonie sur mesure pour un rouge élevé en barriques, avec une structure généreuse, comme le sont les espagnols du Bierzo, de la Rioja et de la Ribera del Duero, ainsi que les californiens de cépage zinfandel. Vous pourriez remplacer le clou de girofle par une pommade d'olives noires, pour s'unir à un vin de syrah, ou par une purée de tomates séchées, qui ne fera qu'un avec un pinot noir du Nouveau Monde.

Le fameux Riopelle, de la Fromagerie de l'Île-aux-Grues (L'Isle-aux-Grues), un triple-crème des plus généreux et prenants mérite un blanc plus complexe et plus substantiel, comme le Chardonnay Cloudy Bay, Marlborough, Nouvelle-Zélande. Il s'agit d'un engageant néo-zélandais, aux parfums élégants et expressifs, à la bouche dense et persistante, saisissante et rafraîchissante, laissant des traces d'ananas, de pomme, d'amande grillée et de crème fraîche. Belle harmonie d'ensemble et complexité le rapprochant de certains crus de la Côte de Beaune.

THÈME III
LES FROMAGES BLEUS

> « Le fromage est l'immortalité du lait. »
> Ramón Gómez de la Serna

Lorsque l'on décrypte une partie de la structure moléculaire des fromages bleus, certains composés volatils dominent et participent ainsi fortement à sa singularité de goût.

On y dénote des molécules aromatiques tels que le diacétyle, à l'odeur de beurre, des cétones méthylées, aux saveurs piquantes/épicées/fruitées/viandées, des thiols, fruités au possible, des terpènes, comme le linalol qui est floral, d'autres cétones, aux effluves d'oxydation ménagée, de l'acétone, rappelant le vernis à ongles (!), ainsi que quelques diméthylpyrazines, s'exprimant par des notes torréfiées de café/cacao.

On y trouve aussi des acides gras, dont le glutamate (qui participe à la cinquième saveur nommée umami), qui soutient l'ensemble en lui procurant un grand volume de saveurs et d'expressivité en bouche, tout en ayant un effet exhausteur sur le goût du lait de brebis, et un effet poivré sur la langue.

La présence importante d'umami dans les bleus oblige à la sélection d'un vin qui a du volume et une forte présence de bouche. Ce que l'on trouve dans les liquoreux, les vins doux naturels, les portos, dans les chardonnays de pays chauds, longuement élevés sur lies en barriques, tout comme dans les bières de haute fermentation.

Ces bières et ces chardonnays génèrent aussi des notes beurrées de diacétyle, ce qui fait d'eux des choix logiques. Notez que plus leur taux d'alcool est élevé, plus la note de diacétyle est présente, créant ainsi un lien plus étroit avec les bleus.

Pour preuve, pour accompagner vos bleus, servez dans un verre à vin évasé, à température élevée, soit environ 14 degrés Celsius, la grande bière de dégustation pour amateur de vin qu'est la Samichlaus, Bière Extra Forte, Schlossbrauerei Eggenberg, Autriche à 14 % d'alcool. Une bière de Noël, brassée une fois l'an, au nez puissamment aromatique et à la bouche volumineuse, pleine et sphérique, qui vieillit admirablement bien en bouteille, acquérant après quelques années une folle complexité de tonalités torréfiées et épicées, avec une pointe caramélisée rappelant la sauce soya réduite.

Fait étonnant, mais tellement concluant en bouche (!), les xérès fino et manzanilla sont tous deux richement pourvus en diacétyle et en cétones oxydatives, ce qui crée un lien naturel avec les fromages bleus.

Les notes fruitées de la famille des thiols présentes dans le fromage bleu sont les principales signatures aromatiques des vins de sauvignon blanc. Il faut donc opter pour des liquoreux de type sauternes – aussi dominés par la présence d'acétones –, spécialement ceux ayant une bonne proportion de sauvignon blanc, tout comme les vendanges tardives du Nouveau Monde à base de ce dernier.

Sachez qu'avec le puissant roquefort, l'harmonie avec les vins de type sauternes n'est pas toujours concluante… et même rarement !

Quant aux composés aromatiques floraux du linalol, de la grande famille des terpènes, il faut ici privilégier les vins doux et moelleux à base de gewürztraminer et de muscat, richement pourvus en tonalités terpéniques.

En résumé, il vous faut servir avec les fromages bleus – que ce soit le Rassembleu, le Bénédictin ou le Ciel de Charlevoix du Québec, le puissant roquefort et la délectable fourme d'Ambert de France, le pénétrant gorgonzola d'Italie, ou le roi stilton d'Angleterre –, un sauternes et ses semblables, soit un sauvignon blanc vendanges tardives, un gewürztraminer vendanges tardives ou sélections de grains nobles, tout comme un scheurebe autrichien (son jumeau moléculaire), un

vin doux naturel de muscat, un xérès fino, une manzanilla ou encore un chardonnay boisé du Nouveau Monde.

Un porto vintage sera votre choix préféré à l'heure du bleu. Pour cette catégorie, si vous optez pour des bleus puissants comme le roquefort et le stilton, mieux vaut servir un jeune vintage de plus ou moins 15 ans d'âge, ayant un fruité encore d'une bonne épaisseur veloutée pour les surmonter.

Ce qui est le cas avec le très harmonieux, velouté, nourri et prenant Smith Woodhouse Vintage 1994 Porto, Symington Family Estates, Portugal, né de ce qui s'avère l'un des plus grands millésimes du XXe siècle.

Par contre, si vous optez pour les autres bleus, en général moins prenants, comme c'est le cas de la délicieuse fourme d'Ambert et du complexe Rassembleu québécois, faites-vous plaisir et sortez de votre cave un millésime assagi de porto vintage, de plus de 20 ans, tel le patiné, plein et profond Dow's Vintage 1985 Porto, Symington Family Estates, Portugal ou le grandissime Graham's Vintage 1970 Porto, Symington Family Estates, Portugal.

Dégusté pour une ixième fois au cours de l'hiver 2009, le Graham's 1970 se montre tout simplement spectaculaire ! Son allure de grand cru de Bourgogne mature, aux saveurs intenses et poivrées de *cherry pie* et de menthe chocolatée, ainsi que sa grande présence en bouche, pour ne pas dire son éclat et sa générosité de taffetas, font de lui un seigneur à l'heure du bleu.

THÈME III
ALIMENTS COMPLÉMENTAIRES
FROMAGES BLEUS

ALGUES (NORI, KOMBU)
ANCHOIS
CHAMPIGNONS SÉCHÉS
RÉHYDRATÉS (SHIITAKE, MORILLE, OYSTER)
COING
CURCUMA

DASHI
ÉPINARD CUIT
GALANGA
GINGEMBRE
GRAINES DE SÉSAME GRILLÉES
JAMBON SÉCHÉ ET VIEILLI
(JAMBON IBÉRIQUE, PROSCIUTTO)

LITCHI
MISO
OIGNON CUIT
PÉTONCLE
POMME JAUNE
RAISIN MUSCAT
SAUCE SOYA

VINS ET BOISSONS COMPLÉMENTAIRES
FROMAGES BLEUS « PUISSANTS » (STYLE ROQUEFORT ET STILTON)
FROMAGES BLEUS « MODÉRÉS » (STYLE FOURME D'AMBERT OU RASSEMBLEU QUÉBÉCOIS)

15 ANS D'ÂGE

EXTRA-FORTE

PORTO VINTAGE

MAURY

BIÈRE FONCÉE

FROMAGES BLEUS « PUISSANTS »

VIN DOUX NATUREL

JEUNES BANYULS

RIVESALTES

XÉRÈS FINO

SCHEUREBE

GEWÜRZTRAMINER

AUTRICHE

LIQUOREUX

VENDANGES TARDIVES

SÉLECTIONS DE GRAINS NOBLES

20 ANS D'ÂGE ET PLUS

PORTO VINTAGE

ET SEMBLABLES

CHARDONNAY BOISÉ

EXTRA-FORTE

FROMAGES BLEUS « MODÉRÉS »

SAUTERNES

BIÈRE BELGE

BRUNE D'ABBAYE OU FONCÉE

VIN DOUX NATUREL

SAUVIGNON BLANC

XÉRÈS MANZANILLA

DE MUSCAT

VENDANGES TARDIVES

CANNELLE

AGRUMES
AMANDE
ANIS
ANGÉLIQUE (RACINE)
ANIS ÉTOILÉ
BERGAMOTE
CAMOMILLE
CARDAMOME
CITRON

CLOU DE GIROFLE
CORIANDRE VIETNAMIENNE
(FEUILLES)
CUMIN
FIGUE FRAÎCHE
GINGEMBRE
HOUBLON
LAURIER
LAVANDE

PASTIS
PIMENT FORT
POIVRE
RÉGLISSE
ROMARIN
SAFRAN
THYM
VANILLE

SAFRAN
THYM

GRENACHE/
GARNACHA/
CANNONAU

XÉRÈS
OLOROSO

CORIANDRE VIETNAMIENNE
(FEUILLES)
CUMIN
FIGUE FRAÎCHE
GINGEMBRE
HOUBLON
LAURIER
LAVANDE

VINS ROUGES DE
MACÉRATION CARBONIQUE

GEWÜRZTRAMINER/
MUSCAT/PINOT GRIS

VE. ANGES
DIVES

(RACINE)

CANNELLE

CHAUDE ET SENSUELLE ÉPICE

« La science livre ses connaissances à qui les recherche. »

HUBERT REEVES

Poursuivons notre exploration dans l'univers des molécules aromatiques et partons cette fois à la recherche des composés volatils constituant les chauds et sensuels parfums de la cannelle et ses ingrédients complémentaires. Une fois justement assemblés, ils composent des mets qui exultent les sens. Au passage, je vous guiderai vers les vins et autres boissons dont la signature moléculaire s'apparente à celle de la cannelle pour réaliser des mariages gastronomiques des plus réussis.

LA STRUCTURE MOLÉCULAIRE DE LA CANNELLE

Comme je l'ai déjà mentionné, le parfum d'une épice ou d'une herbe n'est pas singulier. Il est plutôt composé d'un cocktail de molécules volatiles, en proportions variables. Ce bouquet lui procure une signature aromatique finale. Notons également que, comme pour le vin, le terroir, le climat et les méthodes de culture influenceront significativement les proportions en composés aromatiques des épices et des herbes.

Il arrive que certains composés aromatiques dominent les autres, tant en quantité qu'en puissance, et donnent ainsi la note principale à l'ingrédient, comme dans le cas de l'aldéhyde cinnamique (ou cinnamaldéhyde) pour la cannelle.

Cette dernière contient aussi du cinnamate d'éthyle, un ester à l'odeur fruitée balsamique rappelant la cannelle. Le cinnamate d'éthyle est également présent dans la fraise, le poivre de Sichuan, certaines variétés de basilic et l'eucalyptus olida, cultivé en Australie, qui porte le nom évocateur de *strawberry gum*… et qui en contient un pourcentage très élevé.

Notons que l'eucalyptus olida (voir chapitre *Gingembre*) est aussi utilisé pour reproduire l'arôme de fraise ou de cannelle dans l'industrie alimentaire et en parfumerie. Le cinnamate d'éthyle se développe aussi dans les vins rouges de macération carbonique, à l'exemple des beaujolais nouveaux.

Dans les diverses variétés de cannelle, on note également des sesquiterpènes, comme le α-caryophyllène (à l'odeur boisée) et l'humulène (aussi appelé ß-humulène et α-caryophyllène), présent dans le houblon et la coriandre vietnamienne.

S'y retrouvent de plus des alcools terpéniques, comme l'γ-terpinéol (aiguilles de pin/orange amère), le bornéol (odeur camphre/boisée présente dans la chartreuse, la coriandre, l'eucalyptus, le laurier, le romarin, la sarriette) et le linalol (lavande/muguet), ainsi que le benzaldéhyde (amande amère).

Enfin, on y trouve, en quantité moins importante, la coumarine (arôme de vanilline), l'acétate d'eugényle (arôme anisé), la dihydrocapsaïcine (l'une des molécules brûlantes des piments forts) et le safrole (surtout dans le sassafras).

Ces différents composés participent tous à la signature aromatique de la cannelle et permettent de concevoir de nouvelles pistes harmoniques. En général, la saveur de la cannelle est douce, devenant presque chaude, parfois même brûlante, rappelant vaguement le clou de girofle et le poivre.

1. PRINCIPAUX ALIMENTS COMPLÉMENTAIRES
CANNELLE

AGRUMES
AMANDE
ANETH
ANGÉLIQUE (RACINE)
ANIS ÉTOILÉ
BERGAMOTE
CAMOMILLE
CARDAMOME
CITRON
CLOU DE GIROFLE

CORIANDRE VIETNAMIENNE
(FEUILLES)
CUMIN
FIGUE FRAÎCHE
GINGEMBRE
HOUBLON
LAURIER
LAVANDE
MENTHE
ORANGE AMÈRE

PASTIS
PIMENT FORT
POIVRE
RÉGLISSE
ROMARIN
SAFRAN
THYM
VANILLE
YUZU

2. ALIMENTS COMPLÉMENTAIRES SECONDAIRES
CANNELLE

ABRICOT
AMARETTO
ASPERGE CUITE
BASILIC SAUVAGE
BASILIC THAÏ
BIÈRE
BŒUF GRILLÉ
CERISE
CHARTREUSE

EUCALYPTUS
FÈVE TONKA
FRAISE
FRAMBOISE
KIRSCH
LAURIER
MANGUE
MOZZARELLA
NOIX

ORGE MALTÉ
PÊCHE
PRUNE
RAISIN
SARRIETTE
SCOTCH
TABAC (HAVANE)

DEUX VARIÉTÉS PRINCIPALES DE CANNELLE

La cannelle provient de l'écorce des branches du cannel-lier. L'écorce s'enroule naturellement en séchant, formant un bâtonnet dur à double spirale d'un brun pâle. L'arbre est cultivé un peu partout sur la planète, mais les meilleures qualités de cannelle proviennent du Sri Lanka d'où elle est native. Bien qu'il existe plusieurs espèces de cannelle, disons que nous pouvons les regrouper en deux grandes familles, soit la can-nelle de Chine, et la cannelle du Ceylan ou Sri Lanka.

LA CANNELLE DE CHINE (*CINNAMOMUM CASSIA*)

Variété du Sud-Est asiatique, la cannelle de Chine, de son vrai nom casse (*cinnamomum cassia*), est la plus connue et la plus consommée. On la trouve facilement dans les commerces sous forme de bâtons brun pâle, durs et à double spirale.

Malgré une composition chimique voisine de la cannelle du Ceylan, elle est marquée par une forte présence d'aldéhyde cinnamique (50 à 75 %), ainsi que de coumarine, mais elle ne contient pas ou très peu d'eugénol (principal composé du clou de girofle).

L'amateur averti la trouve plus grossière que celle de Ceylan, bien que la majorité des consommateurs la trouvent plus inté-ressante, plus puissante et chaleureuse – je dirais plus physique et plus immédiate, mais aussi plus unidimensionnelle... Elle se signale davantage par son goût piquant que par son parfum.

LA CANNELLE DE CEYLAN OU DU SRI LANKA (*CINNAMOMUM ZEYLANICUM*)

Cette variété, la cannelle de Ceylan ou du Sri Lanka, aussi appelée « vraie cannelle », contient beaucoup moins de com-posés phénoliques (aldéhyde cinnamique) que la variété de Chine, ainsi que très peu de coumarine. Elle se montre plus subtile et complexe que cette dernière, avec, entre autres, des notes de linalol (odeur florale) et d'eugénol (clou de girofle; 4 à 10 % de son poids moléculaire), deux composés pratiquement absents de la variété chinoise.

À TABLE AVEC LA CANNELLE

La cannelle est devenue l'une des épices préférées en Amérique du Nord, spécialement pour les desserts aux pommes et au chocolat, ainsi que pour les cafés aromatisés.

En Europe, on la trouve surtout dans les compotes et les confitures. Au Moyen Âge, elle entrait dans l'élaboration de l'hypocras, un vin édulcoré par une généreuse quantité de miel et rehaussé par du gingembre et de la cannelle.

Au Moyen-Orient, elle parfume les plats de viande, comme le tajine, tandis qu'en Inde elle entre dans la composition de certains currys.

En Asie du Sud-Est, elle fait partie des mélanges d'épices, comme les cinq épices chinoises – qui se composent de can-nelle, d'anis étoilé, de clou de girofle, de poivre de Sichuan et de fenouil. Il n'est pas rare d'y trouver certaines versions avec de la réglisse. À plus ou moins forte teneur, la cannelle rehausse les recettes de canard, de porc et de poulet, ainsi que les currys chinois, tout comme le curry de bœuf et nouilles de Singapour, accompagné d'un épicé *sambal*, sans oublier son utilisation pour parfumer les thés.

Les chefs des quatre coins du monde lui font de plus en plus de place dans leurs créations salées, par exemple avec l'agneau. La présence de la cannelle dans les mets salés sera généralement plus subtile que dans les desserts.

LA CANNELLE : EXHAUSTEUR DE GOÛT !

Il est peu connu que la cannelle, lorsque employée avec par-cimonie, devient un exhausteur de goût, amplifiant les autres saveurs, exactement comme le sont en cuisine le xérès, le café, la capsaïcine, les asperges et le glutamate. Osez l'utiliser subtilement, elle donnera de la présence à vos recettes.

LA CANNELLE DANS LA CONSTITUTION AROMATIQUE DES VINS

Dans les vins, l'arôme de cannelle provient soit du chêne des barriques, pour les vins ayant séjourné en fûts, soit des ligni-nes des rafles (la partie en bois qui tient les raisins en grappe) de la vigne, pour les vins provenant de vendanges de grappes n'ayant pas été ou peu éraflées avant la fermentation.

Les lignines de la rafle du grenache, spécialement celui du Rhône et du Languedoc-Roussillon, sont richement pourvues en composés aromatiques pouvant engendrer l'alcool et l'aldéhyde cinnamiques, des arômes jouant dans la sphère de la cannelle.

Les vins élevés en barriques neuves, blancs comme rou-ges, sont tous susceptibles de contenir ces molécules à la

VINS
COMPLÉMENTAIRES

CANNELLE

VIN DOUX
NATUREL

GRENACHE

GRENACHE/
GARNACHA/
CANNONAU

GEWÜRZTRAMINER

VINS ROUGES
DE RÉCOLTES
NON ÉRAFLÉES

MUSCAT

PINOT NOIR

XÉRÈS
OLOROSO

VINS ÉLEVÉS
EN BARRIQUES DE CHÊNE

CANNELLE

VINS ROUGES DE
MACÉRATION CARBONIQUE

CIDRES DE GLACE

QUÉBÉCOIS

BEAUJOLAIS
NOUVEAU

GEWÜRZTRAMINER/
MUSCAT/PINOT GRIS

SAUTERNES

VINS BLANCS
LIQUOREUX DE
POURRITURE
NOBLE

SÉLECTION DE
GRAINS NOBLES
ALSACIENNES

CONSTANCIA
SUD-AFRICAIN

VENDANGES
TARDIVES

TOKAJ ASZÚ
HONGROIS

COTEAUX-DU-LAYON

base de l'arôme de cannelle, mais plus spécialement les pinots noirs australs et californiens, tout comme les rouges espagnols de la Ribera del Duero et de la Rioja.

La cannelle et ses dérivés aromatiques signent aussi leur présence dans les vins rouges de macération carbonique, à l'exemple du beaujolais nouveau. Ce type de vinification, effectuée en grains entiers, à l'abri de l'oxygène, grâce à un ajout de gaz carbonique dans une cuve hermétique, développe du cinnamate d'éthyle dans le vin. Cet ester, provenant de la combinaison de l'acide cinnamique et de l'éthanol, a une odeur fruitée balsamique rappelant la cannelle, avec une pointe d'ambre.

On retrouve aussi ces précieuses molécules aromatiques dans les vins blancs alsaciens, plus particulièrement ceux à base de gewürztraminer, lorsqu'ils sont de vendanges tardives, et, dans une moindre mesure, dans ceux de pinot gris et de muscat. D'ailleurs, les vins doux naturels à base de muscat, élaborés surtout dans le pourtour du Bassin méditerranéen, en sont aussi passablement marqués. Le sont aussi les vins blancs liquoreux de sémillon (sauternes) ou de chenin blanc, ayant profité de l'action de la pourriture noble (botrytis cinerea), comme ceux de la Loire, spécialement les coteaux-du-layon, les sélections de grains nobles (SGN) d'Alsace, le tokaj aszú de Hongrie et le constancia d'Afrique du Sud.

N'oublions pas le cidre de glace québécois, élaboré à partir de la pomme. Ce cidre liquoreux, venu du froid, s'exprime aussi par des composés signalés dans le profil aromatique de la cannelle.

Enfin, on note, dans le xérès, la présence d'acide cinnamique (cannelle), de benzaldéhyde (amande) et de coumarine (vanilline), trois constituants majeurs de la cannelle. Ils signalent certes leurs parfums dans le fino, mais plus le xérès subit une longue maturation en fûts, plus ces trois composés volatils augmentent. C'est donc dans le xérès oloroso, ainsi que dans certains amontillado, que l'impact aromatique d'arômes jouant dans l'univers de la cannelle se fait le plus sentir.

QUELQUES PISTES HARMONIQUES

Pour magnifier les notes d'épices douces et épouser la texture soyeuse d'un très invitant pinot austral, à l'image du Pinot Noir Coldstream Hills 2007 Yarra Valley, Australie, au corps à la fois plein et vaporeux, optez pour un plat comme les filets de porc à la cannelle et aux canneberges. Les doux parfums épicés ainsi que la saveur aigre-douce des canneberges au miel dictent sans contredit le service d'un pinot noir californien ou australien.

Tout en demeurant dans le royaume de charme du pinot, optez pour l'irrésistible Pinot Noir Kim Crawford 2007 Marlborough, Nouvelle-Zélande, tout à fait gorgé de fruits et de saveurs, aux tanins tendres, très frais et au corps enveloppant. Juteux, éclatant et délicieux, égrainant de longues saveurs de cerise noire et d'épices douces, il fera un malheur, spécialement sur un poulet rôti au sésame et aux cinq épices ou sur un sauté de porc vietnamien aux cinq épices.

Pour des mets plus relevés, mais toujours dominés par la cannelle, comme le tajine de ragoût d'agneau aux cinq épices et aux oignons cipollini caramélisés ou les côtes levées à la cannelle et au curry de vin rouge (recette du livre *Vij's Elegant & Inspired Indian Cuisine*, de Vikram Vij), sélectionnez un rouge dominé par le grenache, du Rhône ou d'Espagne, comme le Monasterio de Las Viñas Gran Reserva 2001 Cariñena, Grandes Vinos y Viñedos, Espagne, composé à 50 % de garnacha, 30 % de tempranillo et 20 % de mazuelo. Un vin assez compact et ramassé, au nez discret de premier abord, et qui se montre plus complexe et détaillé après oxygénation en carafe, dévoilant des effluves de havane, de cerise noire, de cannelle et de muscade, très légèrement boisés. La bouche, d'une certaine densité, présente des tanins enveloppés dans une gangue moelleuse.

TRUC DU SOMMELIER-CUISINIER

Huile d'olive à la cannelle Certaines huiles d'olive s'adaptent mieux que d'autres à l'infusion avec des épices comme la cannelle, ce qui est le cas de l'huile d'olive espagnole Cornicabra. Une huile douce et agréable, tout en étant profonde. Idéale pour effectuer des infusions avec des épices exotiques (gingembre, cannelle, cardamome, poivre rose), puis pour napper un sorbet aux fruits. Une fois infusée de cannelle, elle se montre parfaite pour les desserts et les pâtisseries, ainsi que pour les gibiers.

Pour préparer de l'huile d'olive aux épices, écrasez les épices, ou ajoutez les bâtons de cannelle dans une petite bouteille. Verser l'huile sur les épices. Une fois le tout infusé, retirez les épices et mettez l'huile essentielle de côté afin de la diluer avant chaque utilisation. L'huile essentielle se conservera plus ou moins deux semaines.

Enfin, à l'heure du fromage et du dessert, optez pour un vin de type sauternes, donc marqué par la pourriture noble (*botrytis cinerea*), qui sied parfaitement à la cannelle. Pour ce faire, sélectionnez un voisin de sauternes, comme l'exubérant, épicé, confit et onctueux Château Bel Air 2004 Sainte-Croix-du-Mont, France, qui fera le pont du fromage au dessert. Débutez avec l'assiette de fromages accompagnés de figues rôties à la cannelle et au miel.

Puis, terminez en feu d'artifice avec un millefeuille de pain d'épices aux pommes (recette dans le livre *À Table avec François Chartier*), accompagné du même vin ou, encore mieux, d'un vitalisant cidre de glace québécois, dont le bouquet va aussi dans le sens des molécules actives de notre chaude et sensuelle cannelle.

TRUC DU SOMMELIER-CUISINIER

Figues rôties à la cannelle et au miel Farcir les figues, ouvertes en quatre par le haut, d'une pommade de beurre ramolli, de miel et de cannelle, puis cuire pendant 5 minutes dans un four préchauffé à 204°C (400°F), en prenant soin de napper régulièrement les figues avec la pommade pendant la cuisson. Accompagner soit d'un vin blanc liquoreux marqué par le *botrytis cinerea* (pourriture noble), soit d'un xérès oloroso.

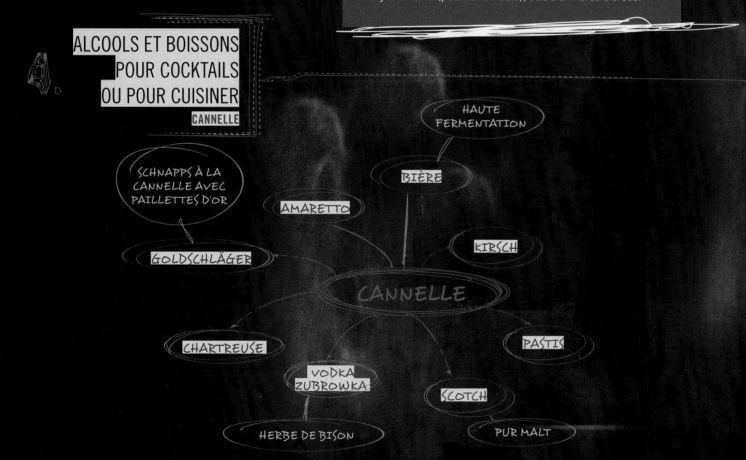

ALCOOLS ET BOISSONS POUR COCKTAILS OU POUR CUISINER
CANNELLE

HAUTE FERMENTATION

SCHNAPPS À LA CANNELLE AVEC PAILLETTES D'OR

BIÈRE

AMARETTO

KIRSCH

GOLDSCHLÄGER

CANNELLE

CHARTREUSE

PASTIS

VODKA ZUBROWKA

SCOTCH

HERBE DE BISON

PUR MALT

FIGUES RÔTIES À LA CANNELLE
ET AU MIEL

CORIANDRE

CAPSAÏCINE
(PIMENTS FORTS)

SOLUBLE DANS LES
MATIÈRES GRASSES
ET SUCRÉES, AINSI QUE
DANS L'ALCOOL

INSOLUBLE
DANS L'EAU ET
LES BOISSONS ACIDES.

AMANDE GRILLÉE

...NSATION
...EUR QU'ELLE
...UE NE DURE
...QUINZAINE
...INUTES.

CAPSAÏCINE

LA MOLÉCULE « FEU » DES PIMENTS !

« Absence de preuves n'est pas preuve d'absence. »
HUBERT REEVES

Du subtil piment d'Espelette au mastodonte Bhut Jolokia, en passant par le piment de Cayenne, le paprika, le piment oiseau, le pimentón, le chipotle chile, le serrano, le piment New Mexico, l'habanero et le puissant jalapeño, un monde de sensation thermique à découvrir.

Il existe, dans le monde, plusieurs centaines de variétés de piments (chilis), incluant les poivrons doux – tous du genre *capsicum*, de la famille des solanacées et plus ou moins 3 000 hybrides. Au Mexique seulement, on répertorie plus ou moins 350 sortes de *chiles*.

Les piments forts font le bonheur des Mexicains, dans le célèbre chili con carne, tout comme des Thaïlandais, avec leur curry vert, des Indonésiens, avec leur satay et leur sambal, et des Chinois du Sichuan et du Yunan, dont la cuisine respective en est richement pourvue. Les Hongrois ont leur paprika et les Espagnols leur pimentón, deux versions beaucoup plus douces du piment.

Les Nord-Américains ne sont pas en reste avec le désormais célèbre condiment *tabasco*. Cette sauce à base de piments très forts, de la variété tabasco – mélangés à du sel et du vinaigre, est macérée plusieurs années en fûts de chêne. Certaines cuvées sont très âgées et d'autres extra-fortes, servant à donner du piquant tant aux cocktails qu'aux recettes, et ce, même dans la cuisine des grands chefs étoilés de ce monde !

Avec la popularité récente de la cuisine « tex-mex », le chili est même devenu l'épice la plus consommée au monde, pour une production de vingt fois supérieure à celle du si réputé poivre noir !

LA CAPSAÏCINE

Les piments de la famille des *Capsicum annuum*, la variété de piment fort la plus répandue, sont riches en divers composés volatils, qui leur donnent leurs arômes et leurs saveurs, dont la capsaïcine et la dihydrocapsaïcine, ainsi que certains caroténoïdes.

Mais ce sont la capsaïcine et la dihydrocapsaïcine – cette dernière est aussi présente dans la cannelle (voir le chapitre du même nom) –, deux alcaloïdes de la famille des capsaïcinoïdes, qui sont les principales molécules « feu » des différentes variétés de piments (chilis). Elles donnent au piment fort sa singulière sensation de brûlure en bouche. Elles se retrouvent surtout dans la pulpe et dans les graines des piments.

UN SOMMET DE PUISSANCE

La capsaïcine est le composé le plus irritant connu dans l'alimentation. Sur l'échelle de Scoville (voir définition plus loin), en solution pure, la capsaïcine à une valeur de 16 000 000 *Scoville heat units* (SHU), contrairement au shogaol du gingembre (160 000 SHU), à la pipérine du poivre (100 000 SHU) et au gingerol du gingembre (60 000 SHU).

1.

SON IMPACT SUR LE GOÛT
CAPSAÏCINE (PIMENTS FORTS)

LA SENSATION DE CHALEUR QU'ELLE PROVOQUE NE DURE QU'UNE QUINZAINE DE MINUTES.

INSOLUBLE DANS L'EAU ET LES BOISSONS ACIDES.

SOLUBLE DANS LES MATIÈRES GRASSES ET SUCRÉES, AINSI QUE DANS L'ALCOOL.

LE GAZ CARBONIQUE DES BOISSONS GAZEUSES, BIÈRES ET VINS MOUSSEUX AUGMENTE SA SENSATION DE BRÛLURE.

CAPSAÏCINE
(PIMENTS FORTS)

L'ALCOOL CALME SA CHALEUR (JUSQU'À 14% PLUS OU MOINS).

EMPLOYÉE À PETITE DOSE, ELLE SE TRANSFORME UN EXHAUSTEUR DE GOÛT.

ELLE EST AUSSI PRÉSENTE, EN TRÈS FAIBLE QUANTITÉ, DANS LA CANNELLE, LA CORIANDRE ET L'ORIGAN.

ELLE EST UN COUSINE DU GINGÉROLE CONTENU DANS LE GINGEMBRE.

Contrairement aux idées reçues, la capsaïcine n'a pas un effet chimique sur les papilles, comme les tanins du vin rouge, par exemple. C'est-à-dire qu'elle ne brûle pas de façon physique. Elle a plutôt un effet neurologique sur le cerveau, par les terminaisons nerveuses (nerfs trigéminaux), provoquant une sécrétion d'endorphines, les hormones du bien-être. Ceci explique en partie pourquoi l'humain a autant de plaisir à consommer les piments forts, même les plus puissants, contrairement aux animaux sauvages qui, eux, fuient littéralement la consommation de piments!

UNE PARENTÉ AVEC LE GINGEMBRE
Chimiquement, la capsaïcine est un proche parent du gingerol, l'une des principales molécules piquantes du gingembre (voir le chapitre du même nom).

Il existe différentes versions de molécules de capsaïcine, d'où la différence dans le goût fort des piments. La richesse du piment en capsaïcine, donc son pouvoir épicé, dépend, en partie, de la génétique de chaque variété, mais surtout des conditions de culture et de la maturité des piments. Cela explique d'ailleurs la différence de puissance des piments de même famille.

À la façon de la cannelle, de la coriandre et de l'origan, aussi pourvus de capsaïcine, mais de façon beaucoup plus discrète, la capsaïcine des chilis active les récepteurs de chaleur de la peau, provoquant ainsi en bouche une plus ou moins importante pseudo-sensation de chaleur physique. Celle-ci peut simuler une température supérieure à 42 degrés Celcius, et même aller jusqu'à la brûlure, et ce, même s'il n'y a pas d'augmentation véritable de température! Heureusement, cette forte sensation de brûlure est temporaire, diminuant de beaucoup après 15 minutes d'ingestion.

LA CAPSAÏCINE : OPPOSÉE DU MENTHOL
La capsaïcine a un effet opposé à celui perçu lors de la dégustation d'aliments contenant des molécules comme l'anéthol (dans l'anis étoilé et le fenouil), l'estragole (estragon), le menthol (menthe) qui, elles, activent des récepteurs du goût par des températures fraîches comprises entre 8 et 28 degrés Celsius, simulant ainsi le « goût de froid » (voir chapitre du même nom).

UNE ARME SUBTILE CONTRE L'OBÉSITÉ?
Il a été prouvé que la capsaïcine provoque un effet de satiété. Elle semble avoir le pouvoir de fausser les données envoyées au cerveau. Lorsque nous mangeons un plat qui contient de la capsaïcine, le cerveau reçoit le message que nous avons moins faim. Cette molécule permet aussi au corps de brûler plus de calories par la chaleur qui nous envahit en la consommant. Elle pourrait peut-être s'avérer efficace pour contrer l'épidémie d'obésité qui se profile chez les jeunes adolescents...

À QUAND UNE DIÈTE BÂTIE AUTOUR D'UNE CUISINE ÉPICÉE?
Rappelez-vous que la capsaïcine provoque l'émission d'endorphines (notre « morphine » naturelle pour calmer nos douleurs) et, par le fait même, une sensation de plaisir. Cela expliquerait la « dépendance » des Mexicains, des Thaïlandais et des Indonésiens aux piments très forts, qui semblent pratiquement agir sur les sens comme une drogue! Une diète à base, entre autres, d'aliments épicés pourrait ainsi joindre l'utile à l'agréable!

LES AUTRES SAVEURS DES PIMENTS
Les piments forts possèdent plusieurs autres molécules aromatiques qui participent à leur saveur unique. Ils peuvent être à la fois fruités, sucrés et aigres, ainsi que piquants et aromatiques, exhalant des composés volatils qui jouent, entre autres, dans la sphère aromatique de la banane, des agrumes, des zestes d'agrumes, du poivron, de la pomme de terre et de la betterave. Ces trois derniers légumes sont marqués par l'arôme végétal des méthoxypyrazines (buis/poivron vert) – tout comme le sont les vins de sauvignon blanc et de cabernet.

LES CHILIS SÉCHÉS ET FUMÉS
Les chilis séchés génèrent une plus imposante complexité aromatique et sont d'une puissance beaucoup plus grande que les chilis frais. Le procédé de séchage concentre leurs saveurs et produit des parfums plus variés. Certains piments sont séchés et fumés, comme le *chipotle* mexicain et le *pimentón* espagnol, donnant des produits singuliers, marqués en plus par des tonalités fumées d'une grande persistance en fin de bouche.

Ces notes fumées s'allient aux vins avec brio, soit dit en passant. Plus particulièrement les vins blancs dotés d'une grande minéralité, ainsi que les vins rouges marqués par l'élevage en barriques de chêne (voir chapitre *Chêne et barrique*), ce qui leur procure des molécules actives jouant dans l'univers complexe de la fumée (bois brûlé/sucre brûlé/torréfaction).

UN EFFET EXHAUSTEUR DE GOÛT?

Il est de croyance populaire, du moins en Occident, que le goût fort des piments masque les autres saveurs. À trop forte dose, il est effectivement difficile de ne pas y perdre son latin... Mais ce n'est pas toujours le cas. Même que la capsaïcine, à dose plus discrète, en excitant certains nerfs, augmente quelque peu la sensibilité aux autres goûts.

Voilà qui explique l'union parfaite entre le piment fort et le chocolat noir. D'ailleurs les Aztèques et les Incas utilisaient les épices fortes, dont le piment, pour complexifier leur chocolat chaud.

Et pourquoi pensez-vous que l'on apprécie tant arroser la pizza et les pâtes italiennes d'huile d'olive dans laquelle ont macéré des piments forts? Elle devient tout simplement un exhausteur de goût, amplifiant ainsi les saveurs des ingrédients de la pizza et des pâtes, qui se révèlent comme par magie plus goûteuses.

Un *Bloody Ceasar* sans tabasco ne serait pas aussi savoureux. Une seule goutte suffit à lui donner de la présence et de l'expression, grâce à son effet exhausteur sur les autres ingrédients. Preuve en mille de l'effet exhausteur de goût de la capsaïcine.

PLUS QUE DE LA CHALEUR!

De récentes études ont pu démontrer que les chilis provoquent en nous plus qu'une simple sensation de chaleur. Leurs molécules sapides induisent en bouche une inflammation temporaire, rendant ainsi les papilles et les muqueuses plus sensibles aux autres sensations.

Les sensations magnifiées alors sont la température, le toucher et l'aspect tactile ou irritant de certains ingrédients comme le sel, les saveurs acides, le gaz carbonique et le froid.

Cela explique qu'une fois touché par la présence de la capsaïcine ou de la pipérine – la molécule piquante du poivre –, notre sens du goût devient ultra-sensible. Nous avons alors l'impression que l'air que nous respirons est plus frais qu'il ne l'est réellement et que celui que nous exhalons est beaucoup plus chaud.

Le vin servi froid paraîtra encore plus froid à ce moment, d'où l'importance d'ajuster la température de service lorsque les piments sont de la partie.

Par contre, une trop forte présence de capsaïcine diminue notre sensibilité aux saveurs de base – salées, sucrées, acides, amères et umami –, ainsi qu'aux arômes, et ce, pas vraiment par sa chaleur physique, mais plutôt en détournant l'attention que notre cerveau porte habituellement sur ces saveurs et arômes qu'il reconnaît aisément en d'autres circonstances, disons plus fraîches !

D'où l'importance de servir des vins qui ont une forte expressivité, tant aromatique que gustative.

Enfin, plus on mange des aliments riches en capsaïcine, plus on se désensibilise à ses effets. C'est pourquoi les Thaïlandais et les Mexicains tolèrent aussi bien certains plats qui peuvent pourtant être jugés immangeables par les novices !

DÉTOURNER L'ATTENTION DES PAPILLES ?

L'arme fatale pour estomper complètement le feu de la capsaïcine n'existe pas encore. Mais l'on sait, entre autres, qu'un aliment sec, solide et abrasif (riz, haricots, biscuit soda ou sucre sec) distrait temporairement les papilles par de nouveaux signaux envoyés au cerveau. C'est pourquoi le riz sec accompagne presque toujours les currys indiens comme les satés indonésiens, et que les haricots rouges, à la texture légèrement granuleuse, escortent si souvent la cuisine mexicaine.

2. ALIMENTS COMPLÉMENTAIRES
CAPSAÏCINE (PIMENTS FORTS)

ABRICOT
AGRUMES
AMANDE GRILLÉE
ANANAS
ASPERGE
BANANE
BASILIC SAUVAGE
BASILIC THAÏ
BETTERAVE
BEURRE
BŒUF GRILLÉ
BOUTONS DE ROSES SÉCHÉS
CACAO
CANNELLE
CARAMEL

CHOCOLAT NOIR
CLOU DE GIROFLE
CORIANDRE
CRÈME
CURRY
FRAISE
GRAINES DE FENUGREC
HARICOTS
HUILE D'OLIVE
LAIT
LAIT DE COCO
MANGUE FRAÎCHE
MATIÈRES GRASSES
MOZZARELLA
NOIX DE COCO FRAÎCHE ET

GRILLÉE
ORGE MALTÉ
ORIGAN
PÊCHE
POIVRON
POMME DE TERRE
RIZ
ROMARIN
SAUCE SOYA
SIROP D'ÉRABLE
SUCRE
VANILLE
YOGOURT
ZESTES D'AGRUMES

PIQUANT ET ACIDE

Pour que l'harmonie règne dans les plats piquants, il faut aussi y ajouter une saveur acide, qui donnera de l'élan et de l'expressivité aux saveurs.

Certes, les piments forts font le bonheur des amateurs de sensations fortes, mais au-delà de la sensation de « feu », c'est le subtil jeu d'harmonie des saveurs qui inspire le plus certains aficionados, spécialement les Chinois du Sichuan, où les plats relevés côtoient les mets plus doux et délicats.

Les boutons de poivre de Sichuan interviennent aussi dans les recettes du Sichuan comme un ingrédient catalyseur, calmant le feu des piments par son incomparable « saveur électrique ». Ils titillent les papilles par leur propriété organoleptique à créer une sorte de sensation électrique de pétillement et de picotement qui rappelle l'effet qu'a une petite pile lorsque l'on passe sa langue sur ses embouts… Ils engourdissent temporairement les muqueuses et les lèvres, spécialement dans le cas des meilleures variétés, tout en parfumant la bouche de leurs tonalités citronnées et florales, rappelant les boutons de roses séchés.

L'ÉLECTRICITÉ DANS LE GOÛT AVEC LES BOUTONS DE POIVRE DE SICHUAN

Les boutons de poivre de Sichuan sont possiblement les seuls ingrédients connus à provoquer un goût pouvant être qualifié d'électrique. Il ne s'agit pas d'un véritable poivre, mais plutôt d'une baie, de couleur rouille, séchée et broyée, provenant du fruit d'un arbrisseau de Chine. Ses saveurs, pouvant aussi être anisées, se rapprochent du poivre, surtout lorsqu'il est grillé juste avant utilisation. Il entre aussi dans la composition de la poudre des cinq épices chinoises.

Selon les ingrédients de la recette, on pourra choisir un vin rouge, servi frais, à la fois généreux et tannique. L'astringence des tanins du vin rouge jouera le trouble-fête pour distraire les papilles, comme le font le riz et les haricots.

NE JETEZ SURTOUT PAS D'EAU SUR LE FEU !

Contrairement à ce que de multiples manuels d'harmonie vins et mets ont enseigné depuis des lustres, la capsaïcine des piments est soluble dans les corps gras et dans l'alcool, et non pas dans l'eau… C'est pourquoi l'eau, autant que les vins légers en alcool et nerveux (acide), n'éteint pas le feu des papilles.

Mais le gras, comme celui contenu dans le lait, le beurre ou la crème glacée, réussit avec brio à le faire. C'est pourquoi les biologistes de la physionomie du goût utilisent le lait pour calmer leurs papilles lors de bancs d'essai d'aliments riches en capsaïcine.

Elle est encore moins soluble dans les vins blancs secs, légers et acides, et dans les boissons gazeuses…

Le lait, le pain, le yaourt, le fromage, le beurre, l'huile d'olive, la crème glacée, les sauces grasses ou le vin gras et onctueux, peu acide et assez généreux en alcool (en dessous de 14,5 %), et même idéalement sucré, réussissent à calmer la chaleur intense de la capsaïcine. tout comme celle du shogaol et du gingerol du gingembre, et celle de la pipérine du poivre lorsqu'ils sont dominants dans vos recettes.

Les plats contenant de la capsaïcine seront en juste accord avec certains sakés, comme le Nigori, moins riche en alcool (10 %) que les autres types de saké (tous à 17 %, ce qui est trop élevé pour calmer la capsaïcine), peu filtré et très riche en acides aminés, donc laiteux à souhait, que l'on sert froid. Avec ce type de saké, vos repas de cuisine thaï, indonésienne, indienne et même mexicaine ne vous auront jamais paru aussi plaisants et rafraîchissants !

LE CHAMPION GUINESS DES PIMENTS !

Le piment le plus fort du monde est le Bhut Jolokia, avec une puissance de plus de un million de degrés Scoville. C'est-à-dire que l'extrait de piment a dû être dilué dans le sucre 1 000 000 fois avant que toute sensation de chaleur disparaisse. Il détient même le record mondial Guinness !

Quant au sucre, on aurait dû y penser avant ! C'est que, pour calculer la puissance des différents piments, on a créé une échelle de mesure, du nom de Scoville (créée en 1912 par un pharmacien américain nommé Wilbur Scoville). Elle est basée sur la dilution des piments dans un sirop de sucre jusqu'au point où la capsaïcine n'a plus d'effet perceptible sur les papilles du dégustateur.

Donc, osez les vins sucrés avec la cuisine pimentée, spécialement avec celle de Thaïlande, tout comme les vins secs et peu acides, mais généreux en alcool – l'alcool possédant un goût sucré. Ce qui prouve aussi que le sucre calme beaucoup mieux la capsaïcine que l'acidité, que le froid et, surtout, que le gaz carbonique des boissons gazeuses – qui, lui, l'augmente! Alors, adieu la bière et les boissons gazeuses…

Quant à l'effet de l'alcool qui, comme je l'écrivais précédemment, a un goût sucré en bouche, passé une certaine limite, sa chaleur se lie à celle des piments et augmente l'effet de ces derniers. Donc, au-dessus de plus ou moins 14,5 % d'alcool, il faut servir le vin plus froid ou idéalement choisir un vin ne dépassant pas ce pourcentage limite.

PAS DE BIÈRE!

Avec les cuisines rehaussées de piments forts, il faut oublier la bière et les boissons gazeuses, car le gaz carbonique rehausse et prolonge malheureusement l'effet de « brûlure » de la capsaïcine des piments forts, tout comme de la pipérine du poivre et du shogaol du gingembre…

LA VANILLE : UN EFFET TAMPON!

La vanille a un effet tampon tant en parfumerie qu'en cuisine, calmant la force des autres produits qui seraient trop volatils ou trop présents en bouche, soit par leur amertume ou leur acidité. Un plat très épicé peut donc être adouci par la vanille, tout comme par un vin très vanillé.

En résumé, la vanille donne de « l'arrondi » à toute décoction âcre et épicée. C'est elle, en partie, qui calme l'amertume et le feu des jeunes cognacs et whiskys lors de leurs premières années de barriques.

Les crus espagnols, élevés en barriques américaines, partiellement ou en totalité, provenant de la Rioja, de la Ribera del Duero et de Jumilla, sont à prescrire. Tout comme les merlots, zinfandels et petites sirahs du Nouveau Monde.

UNE QUESTION DE TEMPÉRATURE

La température du vin est aussi primordiale. Un rouge à la fois gras et généreux devra impérativement être servi frais (autour de 14-15 degrés Celsius) avec les plats contenant de la capsaïcine. À cause de la présence de cette dernière, il vous paraîtra presque glacé.

Idem pour les vins blancs. Un blanc gras, peu acide et modéré en alcool devra être servi autour de 14 degrés, afin de permettre à son « gras » de jouer le rôle du pompier. Mais s'il est très marqué par l'alcool, il faudra abaisser la température de service plus proche de 10 degrés Celcius, tout en sachant qu'il rehaussera un brin l'impression de feu de la capsaïcine, bien que vous semblant presque glacé… Pas facile de déjouer cette molécule!

Si votre plat pimenté est servi très chaud, la chaleur étant un exhausteur de la capsaïcine, rappelez-vous que sa température élevée rehaussera votre sensibilité à l'action du « feu ». Par contre, si le même plat est servi froid ou tiède, la brûlure vous paraîtra plus douce.

La température du plat est donc aussi à prendre en compte comme celle du vin servi. Plus chaud le plat sera, plus frais le vin devra l'être, mais sans être glacé. Sur un plat froid ou à la température de la pièce, on peut se permettre un vin à température un brin plus élevée, sans trop.

3.

VINS COMPLÉMENTAIRES POUR CALMER LE FEU DES PIMENTS FORTS

CAPSAÏCINE (PIMENTS FORTS)

BLANCS DEMI-SECS/MOELLEUX

RIESLING ALLEMAND (SPÄTLESE, AUSLESE)
VOUVRAY (DEMI-SEC/MOELLEUX)
COTEAUX DU LAYON
SAUTERNES
JURANÇON (MOELLEUX)
TOKAJ ASZÚ (HONGRIE)

VINS BLANCS SECS

VIOGNIER (CALIFORNIE, ARGENTINE, LANGUEDOC)
SÉMILLON BLANC (AUSTRALIE)
MARSANNE (AUSTRALIE, RHÔNE)

SAKÉ (SERVI FROID)

SAKÉ NIGORI (10 % ALC.)

CAPSAÏCINE
(PIMENTS FORTS)

VINS ROSÉS (SERVI À TEMPÉRATURE PLUS ÉLEVÉE QUE D'HABITUDE)

BANDOL ROSÉ (PROVENCE)
TAVEL ROSÉ (RHÔNE)
VIN GRIS

VINS ROUGES (SERVIS FRAIS)

MONASTRELL (JUMILLA/ESPAGNE)
PETITE SIRAH (CALIFORNIE/MEXIQUE)
ZINFANDEL (CALIFORNIE)
GRENACHE-SYRAH-MOURVÈDRE (AUSTRALIE)

VINS ROUGES

GARNACHA (CARIÑENA/CAMPO DE BORJA)
TEMPRANILLO (RIOJA/RIBERA DEL DUERO/TORO)
RIPASSO (VALPOLICELLA/ITALIE)
BACO NOIR (NIAGARA/CANADA)
CARMENÈRE (CHILI)

CAPSAÏCINE
(PIMENTS FORTS)

MENTHOL
EUGÉNOL
ESTRAGOL
BORNÉOL
ANETHOL

SAUVIGNON BLANC (LOIRE/BORDEAUX/CHILI)
VERDEJO (RUEDA, ESPAGNE)
ALBARIÑO (RIAS BAIXA, ESPAGNE)
RIESLING (ALSACE/ALLEMAGNE)
ROMORANTIN (COUR-CHEVERNY, FRANCE)
CHENIN BLANC (SAVENNIÈRES/VOUVRAY, FRANCE)
CHARDONNAY DE CLIMAT FRAIS (CHABLIS/
NOUVELLE-ZÉLANDE)

GOÛT DE FROID

POMME ET AUTRES ALIMENTS AUX RAFRAÎCHISSANTES SAVEURS

« La science est peut-être la seule activité humaine dans laquelle les erreurs sont systématiquement critiquées et, avec le temps, corrigées. »

KARL POPPER

De la pomme à la menthe, en passant par le basilic, l'estragon, le fenouil frais, le poivron vert, le concombre, la citronnelle, la coriandre fraîche, le persil, la lime, le wasabi, le daïkon, l'eucalyptus, le gingembre, l'anis étoilé de Chine et le céleri cru, tous des aliments pourvus de composés volatils provoquant le goût de froid en bouche.

Dans ce rafraîchissant chapitre, voyageons sur la piste aromatique des aliments au « goût de froid », en prenant comme point de départ la pomme, fruit emblématique du Québec. La prédominance de son « goût de froid », m'a conduit vers d'autres ingrédients et vins qui partagent les mêmes composés volatils au goût si saisissant!

Bien que l'origine de la pomme, en Asie centrale, remonte à plus de 60 millions d'années et qu'il existe aujourd'hui entre 6 000 et 10 000 variétés cultivées par l'homme, l'offre dans les marchés est malheureusement loin d'être à la hauteur. En France, sur les vingt kilos que consomme chaque année un ménage français moyen, seuls quatre kilos sont d'autres variétés que des goldens (qui occupent 40 % du marché), des granny smith, des braeburns, des galas et des rouges américaines. Ces chiffres, à quelques variantes près, sont sensiblement les mêmes au Québec.

Que sait-on vraiment des véritables plaisirs harmoniques que le « goût de froid », comme celui de la pomme, offre aux cuisiniers, tout comme à table avec les vins?

LE FROID DANS LE GOÛT

La pomme fait partie du groupe d'aliments au « goût de froid », que j'ai ainsi nommé à cause de la présence chez eux de différents composés volatils, dont l'estragole chez la pomme, qui, comme le menthol chez la menthe (voir chapitre *Menthe et sauvignon blanc*), procure sa fraîche identité à notre fruit emblématique.

L'estragole, molécule au « goût de froid » dans la pomme, est aussi présente dans l'anis étoilé, le basilic vert, la cannelle, le clou de girofle, l'estragon, le gingembre, les graines de fenouil, le laurier, la moutarde, la sauge et l'extrait de réglisse noire. Ces molécules activent les récepteurs du goût par des températures comprises entre 8 et 28 degrés Celsius et simulent ainsi le froid – contrairement à la capsaïcine des piments forts (voir chapitre *Capsaïcine*) qui, elle, simule l'augmentation de la température des papilles.

Ceci explique la sensation de fraîcheur ressentie en bouche quand on mange une pomme ou de la menthe, spécialement lorsqu'elles sont dégustées à cru.

Plusieurs autres ingrédients de la famille des anisés, dont font partie la pomme et la menthe, possèdent également ce pouvoir rafraîchissant. Il y a l'anis étoilé de Chine, le basilic vert et le basilic sauvage, la carotte jaune, le céleri et le céleri-rave, la citronnelle, le concombre, la coriandre fraîche, le daïkon, l'estragon, l'eucalyptus, le fenouil frais, le gingembre, la lime, la mélisse, le panais, le persil et sa racine, le poivron vert, le radis noir, le raifort, la verveine et le wasabi.

ANIS ÉTOILÉ DE CHINE
BASILIC VERT
BASILIC SAUVAGE
CANNELLE
CAROTTE JAUNE
CÉLERI
CÉLERI-RAVE

CORIANDRE FRAÎCHE
DAÏKON
ESTRAGON
EUCALYPTUS
FENOUIL
GINGEMBRE
LIME

PANAIS
PERSIL
POMME
POIVRON VERT
RACINE DE PERS
RADIS NOIR
RAIFORT

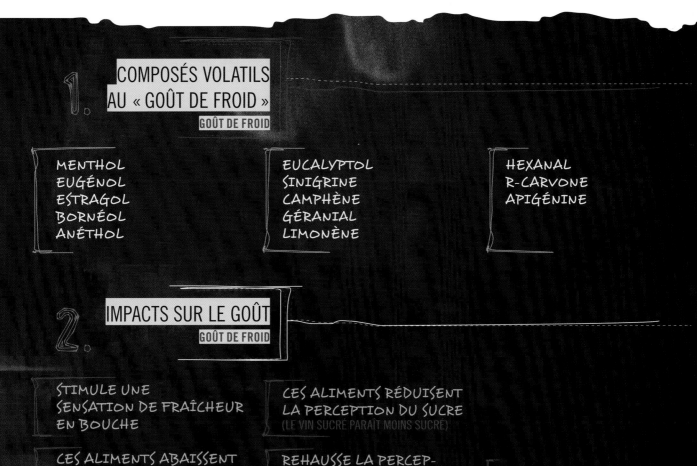

Tous ces ingrédients sont à privilégier dans vos recettes où la pomme est reine. À condition, bien sûr, d'avoir le « goût de froid »…

DES VINS AU GOÛT DE FROID?

Quels vins servir avec les plats dominés par la pomme, fraîche ou cuite, et les autres ingrédients de la même famille au « goût de froid » ?

Selon les autres composantes du plat, la présence dans l'assiette d'aliments au « goût de froid » peut avoir un effet tampon calmant. Cela peut être le cas, par exemple, pour la chaleur des épices tout comme celle de la température du mets. On peut donc choisir un vin riche en alcool (l'alcool ayant une sensation de chaleur sur les muqueuses), s'il y a lieu, ou servir le vin moins froid, la fraîcheur étant déjà accentuée en bouche par les ingrédients au « goût de froid ».

Si le plat dicte le choix d'un vin blanc, qu'il soit sec ou liquoreux, il faut élever légèrement la température de service de ce dernier. En effet, les composés aromatiques au « goût de froid » de ces ingrédients rehaussant la perception du froid, le vin semble déjà être plus froid!

Les aliments au « goût de froid », renforcent la perception de l'acidité et de l'amertume dans le vin, le froid momentané des papilles étant ici en cause.

1. COMPOSÉS VOLATILS AU « GOÛT DE FROID »
GOÛT DE FROID

MENTHOL
EUGÉNOL
ESTRAGOL
BORNÉOL
ANÉTHOL

EUCALYPTOL
SINIGRINE
CAMPHÈNE
GÉRANIAL
LIMONÈNE

HEXANAL
R-CARVONE
APIGÉNINE

2. IMPACTS SUR LE GOÛT
GOÛT DE FROID

STIMULE UNE SENSATION DE FRAÎCHEUR EN BOUCHE

CES ALIMENTS RÉDUISENT LA PERCEPTION DU SUCRE (LE VIN SUCRÉ PARAÎT MOINS SUCRÉ)

CES ALIMENTS ABAISSENT LA PERCEPTION DE LA TEMPÉRATURE DU VIN (SERVIR LE VIN BLANC MOINS FROID)

REHAUSSE LA PERCEP-TION DE L'ACIDITÉ ET DE L'AMERTUME (TANT DANS LES ALIMENTS QUE DANS LE VIN)

EFFET TAMPON, CALMANT LA CHALEUR DES ÉPICES ET DE L'ALCOOL

3. ALIMENTS COMPLÉMENTAIRES AU « GOÛT DE FROID »
GOÛT DE FROID

ANIS ÉTOILÉ DE CHINE
BASILIC VERT
BASILIC SAUVAGE
CANNELLE
CAROTTE JAUNE
CÉLERI
CÉLERI-RAVE
CITRONNELLE
CONCOMBRE

CORIANDRE FRAÎCHE
DAÏKON
ESTRAGON
EUCALYPTUS
FENOUIL FRAIS
GINGEMBRE
LIME
MÉLISSE
MENTHE

PANAIS
PERSIL
POMME
POIVRON VERT
RACINE DE PERSIL
RADIS NOIR
RAIFORT
VERVEINE
WASABI

4. VINS ET THÉ AU GOÛT DE FROID
GOÛT DE FROID

SAUVIGNON BLANC (LOIRE/BORDEAUX/CHILI)
VERDEJO (RUEDA, ESPAGNE)
ALBARIÑO (RIAS BAIXA, ESPAGNE)
RIESLING (ALSACE/ALLEMAGNE)
ROMORANTIN (COUR-CHEVERNY, FRANCE)
CHENIN BLANC (SAVENNIÈRES/VOUVRAY, FRANCE)
CHARDONNAY DE CLIMAT FRAIS (CHABLIS/NOUVELLE-ZÉLANDE)

GRUNER VELTLINER (AUTRICHE)
VINHO VERDE ROUGE (PORTUGAL)
CABERNET FRANCE (LOIRE, FRANCE)
CIDRE DE GLACE (QUÉBEC)
THÉ VERT GYOKURO (JAPON)

PAPILLES ET MOLÉCULES

Il faudra éviter de servir des vins blancs à l'acidité mordante – pourtant souvent prescrits avec la pomme et les ingrédients de même famille... – et les vins où l'amertume est trop appuyée – à moins d'adorer la présence des goûts amers, ce qui peut être très agréable pour les initiés.

Chez les vins blancs secs, il faut mettre à son carnet d'achats les vins à dominance de sauvignon blanc, de riesling, de romorantin ou de grüner veltliner, ainsi que d'albariño ou de verdejo, sans oublier certains chardonnays de climat frais et élevés en cuve inox, comme ceux de Chablis et de Nouvelle-Zélande.

Chez les vins rouges, le choix est plus restreint. Pratiquement seul le cabernet franc, en version fraîche et aérienne, possède à la fois les propriétés au « goût de froid » et la structure pour rester en selle devant les saveurs de la pomme et de ses ingrédients « jumeaux ». Même si plus rares, certains vins rouges portugais d'appellation Vinho Verde sont aussi marqués par un saisissant « goût de froid ».

Comme le « goût de froid » réduit la sensation sucrée des vins blancs liquoreux en haussant leur acidité et leur amertume cela permet comme par magie de brider le sucre de ces vins malheureusement trop peu servis à table pendant le repas. Optez pour des blancs liquoreux à base des mêmes cépages proposés pour les vins secs.

LE THÉ VERT JAPONAIS GYOKURO

L'élaboration particulière du thé vert japonais Gyokuro – trois semaines avant la récolte, les théiers sont privés de la lumière du soleil par des tonnelles de bambou – favorise le développement important de théine et de caroténoïde.

Cette manière de faire engendre chez ce thé une grande complexité de composés volatils de la famille des caroténoïdes, comme chez le safran et les vins qui lui siéent bien. En découlent aussi des composés volatils jouant dans l'univers du « goût de froid », aux tonalités de cerfeuil. Il faut donc servir le thé vert Gyokuro avec les plats dominés par les aliments au « goût de froid », tout comme avec ceux à base de safran (voir chapitre *Safran*).

PHYSIONOMIE DU « GOÛT DE FROID » SUR LES PAPILLES

Un plat composé uniquement d'ingrédients « au goût de froid », ou dominé par un de ces aliments, renforcera la perception de l'acidité et de l'amertume du vin. C'est un principe de base de la physionomie du goût.

En présence d'aliments au « goût de froid », un riesling sec et nerveux, donc à l'acidité dominante, et minéral à souhait, paraîtra mordant, donc trop acide. Un verdejo espagnol, de l'appellation Rueda, à l'acidité fraîche, mais habituellement plus modérée, gagnera en vivacité et verra sa douce amertume végétale, habituellement à l'arrière-plan, mise en avant-scène avec harmonie.

Avec ce type d'ingrédients sur les papilles, il faut des vins blancs qui rafraîchissent les papilles naturellement, mais sans avoir à les servir très froids. Sinon, les papilles seront anesthésiées par le « goût de froid » provoqué à la fois par les molécules des aliments et du vin, ainsi que par la température de service de ce dernier.

Un vin contenant des sucres résiduels, qu'il soit demi-sec, moelleux ou liquoreux, à l'exemple d'un sauternes (liquoreux), paraîtra moins sucré et plus frais, tout en laissant peut-être transparaître des doux amers en fin de bouche. Le sucre étant bridé par le « goût de froid », vous pouvez ainsi servir un sauternes pendant tout le repas, tant avec les plats salés qu'avec les sucrés.

L'IMPACT DU « GOÛT DE FROID »

L'effet anesthésiant, certes momentané, du froid sur les papilles transforme la perception des saveurs du vin, et encore plus si le vin est servi très froid. Le froid ralentit aussi l'expression aromatique du vin ainsi que la libération et la propagation de ses saveurs.

Le « goût de froid » transporte à l'avant-scène du goût les sensations acides, amères et salées, et il raffermit les tanins des vins rouges, sans oublier qu'il diminue la perception des sucres.

RÉSUMÉ DE L'IMPACT DU « GOÛT DE FROID »

+ Un vin liquoreux très froid semble moins sucré qu'il ne l'est véritablement.

+ Un vin blanc sec et vif semble plus nerveux (acide) s'il est servi froid.

+ Un vin rouge tannique servi trop froid semble plus ferme qu'en réalité (plus tannique).

+ Un plat composé uniquement d'ingrédients « au goût de froid » mettra en évidence l'acidité et l'amertume du vin (un riesling sec, nerveux et minéral deviendra ainsi mordant et tectonique!).

+ Si un mets est servi très froid, il faudra doser léger tant pour l'acidité (jus de citron ou vin) que pour le sel et l'amertume du mets.

+ Si un vin est servi trop froid lors de l'accord avec un plat, il mettra en évidence dans ce dernier les acides, le salé et les amers, tout en calmant le moelleux des sucres.

+ Si le vin est servi à une température plus élevée, il faudra doser léger en sucre dans le plat, sinon l'ensemble s'alourdira.

+ Plus la température de service est élevée, plus l'intensité de la perception de certaines saveurs augmente, tant chez les vins que chez les mets.

L'IMPACT DE LA CHALEUR

S'il n'y a pas d'aliments au « goût de froid » dans l'assiette ou si le vin est servi à une température plus élevée, on perçoit davantage les sucres, tandis que les amers et les acides sont moins présents. La chaleur (étant un solvant, comme l'alcool), contrairement au froid, agit comme un exhausteur de goût en libérant plus rapidement les molécules aromatiques des herbes, des épices et des vins.

À TABLE AVEC LES ALIMENTS AU « GOÛT DE FROID »

Pour vérifier de manière pratique la véracité de mes recherches théoriques sur ce type d'aliments, cuisinez-vous…. un sandwich!

TRUC DU SOMMELIER-CUISINIER

Sandwich en mode « goût de froid » et « anisé ». Montez-vous un sandwich au fromage de chèvre frais avec de fines tranches craquantes de pomme verte, de poivron vert et de concombre, avec de la menthe fraîche et de la mayonnaise mélangée avec du wasabi, et, au choix, une tranche de saumon fumé, Servez-vous ensuite une bonne rasade de sauvignon blanc ou de verdejo. L'harmonie ne vous aura jamais parue aussi facile et gourmande!

Une recette simple comme bonjour, mais rafraîchissante et représentative de ce que j'appelle les recettes avec des aliments au « goût de froid » et « anisés ». Elle démontre hors de tout doute que les résultats de ces recherches en harmonies et sommellerie moléculaires sont adaptables à toutes les circonstances, tant pour la cuisine de tous les jours que pour les grandes occasions. L'harmonie est possible autant pour des recettes et des vins à petits prix que pour les envolées harmoniques plus dispendieuses. Peu importe vos connaissances en cuisine ou votre budget, vous atteindrez l'harmonie à tout coup.

Côté harmonique, sachez aussi que les ingrédients de ce style de sandwich permettent l'accord aussi bien avec un rouge qu'avec un blanc de type sauvignon blanc. Optez soit pour un expressif verdejo espagnol, comme le Verdejo Bribon, Rueda, Prado Rey, Espagne. Un blanc sec qui s'exprime par des notes aromatiques de menthe fraîche, de fenouil et de persil, ainsi que de pomme verte et de pamplemousse rose, à la bouche bavarde, éclatante et croquante. Pourquoi pas un jeune, fringant et coulant chinon de la Loire, comme la cuvée « La Coulée Automnale », Chinon, Couly-Dutheil, France, idéal pour saisir la fraîcheur et l'éclat simple et direct du cabernet franc en sol loirien. Une bouche festive, aux tanins fins, mais très frais, à l'acidité fraîche et aux saveurs qui ont de l'éclat et de la présence.

Confectionnez un saisissant potage velouté froid, très légèrement crémé, de concombre, de pomme et de zestes de lime, puis servez à vos invités un tout aussi invitant et zesté blanc sec à base d'albariño, comme l'habituellement minéralisant, compact, complexe et excellent Pazo de Senorans, Rias-Baixas, Espagne.

ANIS ÉTOILÉ DE CHINE
BASILIC VERT
BASILIC SAUVAGE
CANNELLE
CAROTTE JAUNE

STIMULE UNE
SENSATION DE FRAÎCHEUR EN BOUCHE

LE «GOÛT DE FROID» AU FIL DU TEMPS :

AUX XIX⁽ᴱ⁾ ET XX⁽ᴱ⁾ SIÈCLES :

+ les sorbets;
+ les glaces;
+ les soupes froides;
+ les gelées froides.

AU XXI⁽ᴱ⁾ SIÈCLE :

+ **La nouvelle catégorie des aliments au «goût de froid»**
(Émanant des recherches en harmonies et sommellerie moléculaires)

+ **L'azote liquide (technique de surgélation et de cuisson à froid)**

L'utilisation de l'azote liquide pour surgeler en quelques secondes les aliments à plus ou moins -180 degrés Celsius, agit comme une «friture polaire». Avec l'azote, les cristaux de glace sont plus fins, libérant les arômes plus rapidement en bouche et offrant une texture plus soyeuse que celle d'une crème glacée surgelée dans un congélateur pendant plusieurs heures. Sans oublier que le froid intense de l'azote fait ressortir l'acidité et l'amertume de certains aliments, comme l'avocat, qui, au départ, ne semblent pas avoir d'acidité ni d'amertume. Ceci oblige le sommelier à revoir son travail harmonique sur certains aliments. Cette technique, actuellement utilisée en restauration, est appelée à faire son entrée dans nos foyers au cours des quinze prochaines années, à l'image de la friteuse au milieu du XX⁽ᴱ⁾ siècle.

POMME JAUNE, CAROTTE, SAFRAN...

La pomme jaune, comme la golden et la pomme-poire, doit sa couleur à sa richesse en caroténoïdes, spécialement en bêta-carotène (c'est aussi le cas pour le safran, la carotte jaune, le chou-fleur jaune, les algues kombu et nori, ainsi que certains vins blancs). La couleur de la pomme rouge est, pour sa part, est due à des anthocyanes, tout comme les raisins rouges, et évidemment le vin rouge.

Tout en étant pourvue de saveurs au «goût de froid», mais de façon plus subtile que ses cousines vertes et rouges, la pomme jaune nous transporte dans un autre univers moléculaire.

Pour de belles harmonies, il faut donc composer des mets avec des ingrédients riches en caroténoïdes, tels les algues kombu et nori, les carottes, le chou-fleur jaune, les coings, les pommes jaunes, les poires et le safran, et les marier avec les vins blancs tout aussi riches en caroténoïdes (chardonnay, chenin blanc, sauvignon blanc et riesling), sans oublier les cidres, qu'ils soient secs, tranquilles ou pétillants, et même le cidre de glace!

Voici deux pistes inspirantes en la matière. Premièrement, le carré de porc aux pommes golden et au safran – une belle solution de rechange pour le traditionnel dindon de Noël –, que vous servirez avec le pénétrant Chardonnay Oyster Bay 2007 Marlborough, Nouvelle-Zélande. Un blanc sec à l'inspirant et exaltant nez de fruits exotiques, jouant dans la sphère aromatique de l'ananas et de la papaye, suivi d'une bouche tout aussi exaltante, pleine, généreuse, mais aussi fraîche et vitalisante, aux longues saveurs de fraise, de pomme golden, avec un petit relent floral rappelant le safran. Vous pourriez aussi opter pour un bordeaux blanc, comme le Château Haut Mouleyre 2005 Bordeaux, Bernard Magrez, France, qui étonne par son ampleur, son moelleux et sa grande générosité pour son rang. Le nez, qui a besoin d'une bonne oxygénation en carafe, s'exprime par de subtiles et profondes notes de miel, de safran et de pomme golden. La bouche suit avec un patiné de texture unique et une persistance de grand vin, où l'acidité discrète laisse place à une épaisseur veloutée rarissime chez un jeune blanc bordelais.

Enfin, à l'heure du dessert, cuisinez un délectable gâteau renversé aux pommes jaunes et au safran, et remplissez vos verres de votre cidre de glace québécois favori, qu'il soit de La Face Cachée de la Pomme ou des cidreries du Minot ou de Michel Jodoin. Il donnera écho à ce plat pensé sur mesure pour créer «photo» avec lui.

ANÉTHOL

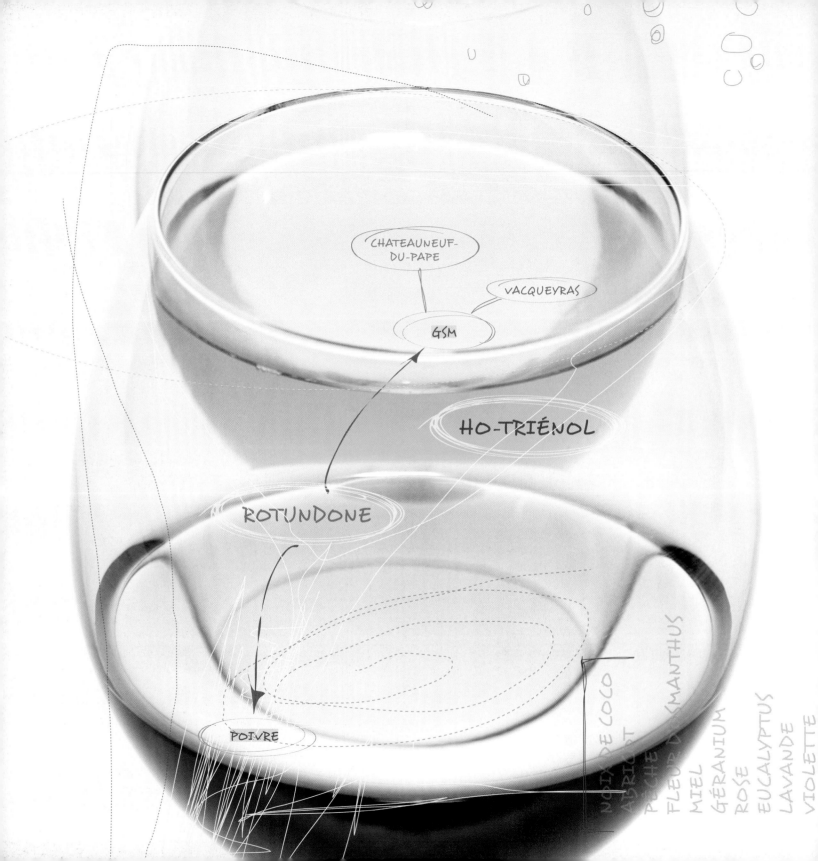

EXPÉRIENCE D'HARMONIES ET SOMMELLERIE MOLÉCULAIRES

REPAS HARMONIQUE À CINQ MAINS ET DÉGUSTATION MOLÉCULAIRE

« La méthode est nécessaire pour la recherche de la vérité. »

RENÉ DESCARTES

Un récit passionnant détaillant les chemins qui ont conduit à la création de trois événements dégustations uniques, autour des résultats de recherches, publiés tout au long de ce premier tome de *Papilles et Molécules*, avec la collaboration de Stéphane Modat, grand chef du restaurant Utopie, situé dans la ville de Québec.

Les 12 et 13 mars 2009, j'ai présenté en grande première, avec la complicité du chef Stéphane Modat, du restaurant Utopie, les applications pratiques de mes recherches en harmonies et sommellerie moléculaires. Il s'agissait d'une grande première après plus de trois ans de recherches intensives dans le domaine.

Pour l'occasion, j'avais invité à se joindre à nous l'œnologue bordelais Pascal Chatonnet, avec qui j'entretiens des liens « moléculaires » très étroits, ainsi que Thomas Perrin, du célèbre Château de Beaucastel, accompagné de son chef de cuisine Laurent Deconinck. Les vins de ces deux vignerons complétaient le tableau d'honneur.

NOTES SUR LES TRAVAUX DU D' PASCAL CHATONNET

Ce réputé œnologue est copropriétaire, avec l'œnologue Dominique Labadie, sa conjointe, du laboratoire *Excell* à Bordeaux. Grâce à ses travaux de recherche, il a été l'homme derrière l'identification et la maîtrise des fameux brettanomyces (des levures nuisibles au goût de sueur de cheval). Il a aussi été

L'ŒNOLOGUE PASCAL CHATONNET

le premier à clairement expliquer (dès 1993) l'origine des problèmes de contamination des caves, puis du liège (TCA) par les chloroanisoles et les chlorophénols, et à trouver les solutions pour les éviter. Sans compter qu'il a effectué deux thèses de doctorat sur l'impact aromatique de la barrique de chêne lors de l'élevage des vins.

Il est également propriétaire, à Lalande-de-Pomerol, des châteaux Haut-Chaigneau et La Sergue, ainsi que du Château l'Archange, à Saint-Émilion.

Flying winemaker reconnu, il apporte ses conseils aux quatre coins du globe, dans des domaines réputés, comme Roda, Pintia et Vega Sicilia (Espagne), Stellenzich (Afrique du Sud), J. & F. Lurton (Argentine), Tokaji Oremüs (Hongrie), Sogrape (Portugal), Mandala Valley Vineyards (Inde) et Mission Hill (Colombie-Britannique), sans oublier, en France, les Beaucastel (Châteauneuf-du-Pape), Bouscassé et Montus (Madiran) et Cauhapé (Jurançon).

Cette rencontre au sommet comportait deux volets, avec une troisième activité, plus ludique et festive, lors d'un 5 à 7 au bar à vin Le Cercle. Débutons le récit avec le cœur de ces

expérimentations harmoniques, c'est-à-dire avec le volet gastronomique, conçu autour d'un grand repas dégustation à cinq mains.

REPAS DÉGUSTATION À CINQ MAINS

Nous avons donc préparé pour l'occasion un repas sept services et neuf vins de haute voltige harmonique. Il s'agissait d'un repas « à cinq mains », avec deux chefs aux fourneaux – Laurent Deconinck et Stéphane Modat –, inspirés par mes travaux, avec la présence de Thomas Perrin et Pascal Chatonnet et neuf de leurs grands vins.

Pour chaque service, j'avais pointé, avec l'aide de Pascal Chatonnet, une ou plusieurs molécules volatiles (à la base des arômes). Je me suis alors lancé à la recherche des aliments complémentaires portant une signature moléculaire semblable – exactement comme je l'ai fait au fil des pages de ce premier tome de *Papilles et Molécules* en vous conduisant sur la piste aromatique de différents aliments et vins.

Ainsi, le chef Stéphane Modat, et son invité des cuisines de Beaucastel, pouvaient compter sur une arborescence d'ingrédients au grand pouvoir d'attraction harmonique entre eux et avec le vin choisi, et créer alors l'harmonie de saveurs tant dans l'assiette qu'entre l'assiette et le verre. Et ce, pour chaque service.

Au cours des deux mois précédant ces deux dégustations, nous avons échangé des dizaines et des dizaines de courriels pour nous inspirer, à trois, avant de nous retrouver en cuisine, la veille de ces événements. À ce moment, Pascal Chatonnet, les deux chefs et moi avons disserté sur l'harmonie entre les ingrédients qui composaient chaque service, et avons peaufiné l'accord avec les vins. Une rencontre exploratoire que je nous souhaite de renouveler le plus tôt possible!

LE REPAS, ÉTAPE PAR ÉTAPE

Pour le premier service, autour du Coudoulet de Beaucastel « Blanc » 2006, Pascal Chatonnet avait pointé les lactones (arômes d'abricot/pêche) et le ho-triénol (arôme de tilleul/miel), à partir desquels j'ai proposé les ingrédients complémentaires à l'abricot/pêche et au tilleul, c'est-à-dire le lait de coco, la rose et le gingembre. L'harmonie fut réalisée avec un « Bar poché au lait de coco à la rose, gingembre mariné et pois craquants ».

Nous aurions aussi pu travailler ce premier service avec les autres ingrédients complémentaires aux lactones et au ho-triénol : amande grillée, boutons de rose séché, camomille, crabe des neiges, eau de rose, fenouil, huile d'amandons de pruneau, jasmin, lavande, maïs, miel, pastis, pétoncle, porc, vieux fromage suisse et parmigiano reggiano, zeste d'agrumes.

Le deuxième service a été inspiré par le grand blanc qu'est le Château de Beaucastel 2006, à partir duquel nous avions choisi de créer l'accord avec les deux mêmes composés volatils sélectionnés pour le premier vin, étant aussi des molécules aromatiques présentes dans ce châteauneuf-du-pape blanc. S'y ajoutait le phényl acétaldéhyde (arôme du miel).

Parce que plus dense et plus structuré comme vin, nous avons opté pour un coquillage riche en saveur umami, pour obtenir de la présence et du volume en bouche, afin de soutenir le vin. Résultat : un pénétrant « Gros pétoncle juste tiédi à l'huile d'amandes amères, salade tiède de fenouil à la mandarine impériale et mirin, poudre de maïs salé/séché, air de fleur d'osmanthus ».

Les ingrédients du plat étaient tous en lien direct avec les familles aromatiques des trois molécules pointées au départ.

FLEUR D'OSMANTHUS : UNE DÉCOUVERTE!

Cette fleur, ici séchée, qui est utilisée en Chine pour parfumer les thés, à l'exemple du jasmin, exprime une franche tonalité abricot/pêche, signée par les lactones présentes dans sa structure volatile. Cette découverte a été faite grâce à mes recherches sur les aliments riches en lactones, qui m'ont conduit, entre autres, tout droit vers l'osmanthus. Il faudra absolument revenir sur cette fleur, au grand pouvoir aromatique et harmonique…

Au troisième acte, ce fut au tour du rotundone (poivre) et de la ß-ionone (violette) de faire leur entrée dans la danse, ayant été sélectionnés dans le profil aromatique du vin rouge Les Christins 2006 Vacqueyras et, dans une moindre mesure, de la Réserve 2007 Côtes-du-Rhône qui l'accompagnait.

Nombreux étaient ici les ingrédients complémentaires, dérivant de ces deux molécules aromatiques – rotundone (poivre) et ß-ionone (violette) –, pour cuisiner et mettre en lumière ces deux vins, plus particulièrement le vacqueyras :

Viandes (longuement braisées) et ingrédients riches en umami (vin gras et animal) : algues kombu et/ou nori, bonite séchée, carotte, champignons shiitake et matsutake, genièvre, herbes séchées du Midi, poivre, safran, sauge, thon rouge, vieux jambon séché.

Le résultat a été à la hauteur des saveurs de ce troisième service : « Thon rouge frotté aux baies de genièvre, olives noires, quelques fèves, confettis d'algues nori torréfiées, dés de graisse de jambon fondue, pipette ludique d'huile de pépins de raisin aux pistils de safran marocain ».

L'algue nori contient, dans sa structure, de la ß-ionone, à l'odeur de violette, qui n'est soluble que dans les matières grasses, d'où la pipette remplie d'huile que les convives devaient s'amuser à vider sur les algues afin de libérer la précieuse saveur de violette !

NOTE SUR LE GENIÈVRE ET L'IODE

Les ingrédients complémentaires aux baies de genièvre qui, comme ces dernières, sont riches en α-pinène – une molécule fortement réactive avec l'iode (voir chapitre Safran) –, subliment le goût iodé (cette molécule est soluble dans l'alcool et dans les matières grasses, mais insoluble dans l'eau). Donc, si un ingrédient au goût iodé, comme les algues, est utilisé avec le genièvre (ou avec ses complémentaires riches en α-pinène), cette note iodée sera magnifiée, résultant en un goût plus prononcé. Nous avons donc joué avec cette réaction dans ce troisième service, afin de mettre en relief l'esprit subtilement iodé du vacqueyras.

À la quatrième étape de ce repas dégustation, nous avons « déménagé » du Rhône à Bordeaux, afin de passer au « scanneur » les vins de Pascal Chatonnet. Étaient donc servis, côte à côte, le Château Haut Chaigneau 2003 et le Château La Sergue 2006, deux crus de Lalande-de-Pomerol, sur la piste desquels monsieur Chatonnet nous avait mis : ß-ionone (violette), frambinone (framboise) et extrait de havane (tabac brun) pour le premier vin ; puis maltol (boisé torréfié), gaïacol (boisé fumé) et mercaptohexanol (bourgeon de cassis) pour le second.

Nous avons assisté à la naissance d'un plat pluriel, avec deux créations : pour le Haut-Chaigneau 2003, dans le coin gauche de l'assiette, « Sur une gelée d'eau de framboises

1.

ALIMENTS COMPLÉMENTAIRES

MIEL/TILLEUL
HO-TRIÉNOL

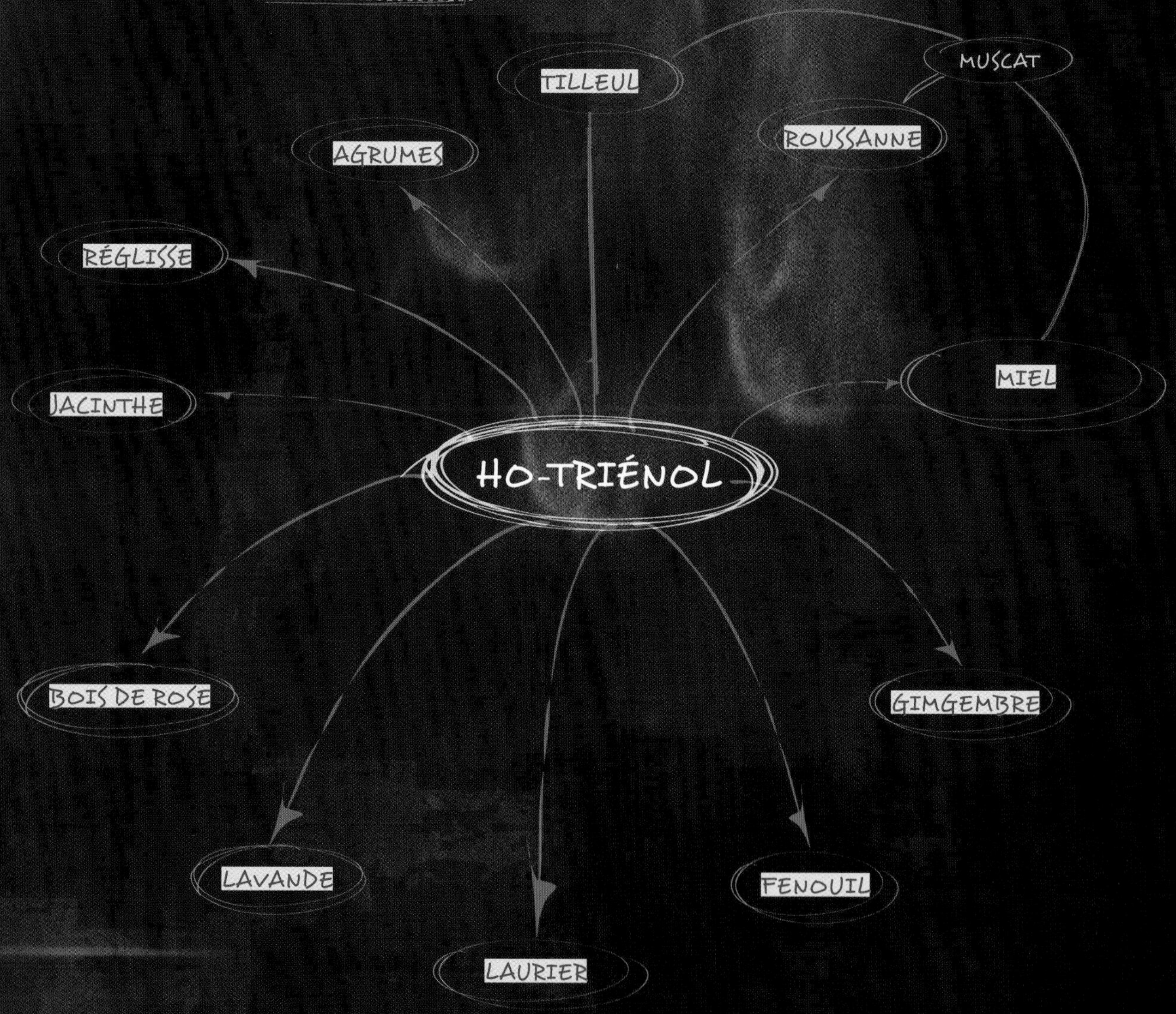

TILLEUL

MUSCAT

AGRUMES

ROUSSANNE

RÉGLISSE

MIEL

JACINTHE

HO-TRIÉNOL

BOIS DE ROSE

GIMGEMBRE

LAVANDE

FENOUIL

LAURIER

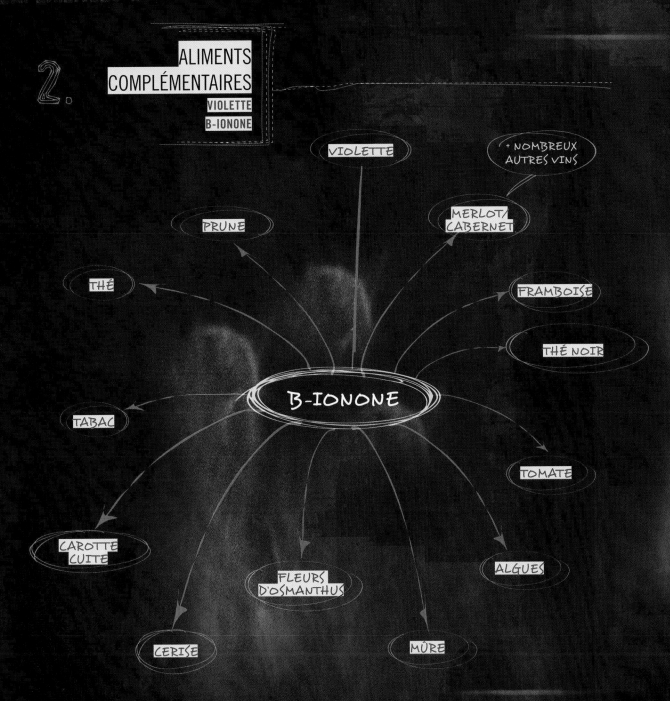

2.

ALIMENTS
COMPLÉMENTAIRES
VIOLETTE
B-IONONE

VIOLETTE

+ NOMBREUX
AUTRES VINS

PRUNE

MERLOT/
CABERNET

THÉ

FRAMBOISE

THÉ NOIR

B-IONONE

TABAC

TOMATE

CAROTTE
CUITE

ALGUES

FLEURS
D'OSMANTHUS

CERISE

MÛRE

3.

ALIMENTS
COMPLÉMENTAIRES
POIVRE (ROTUNDONE)

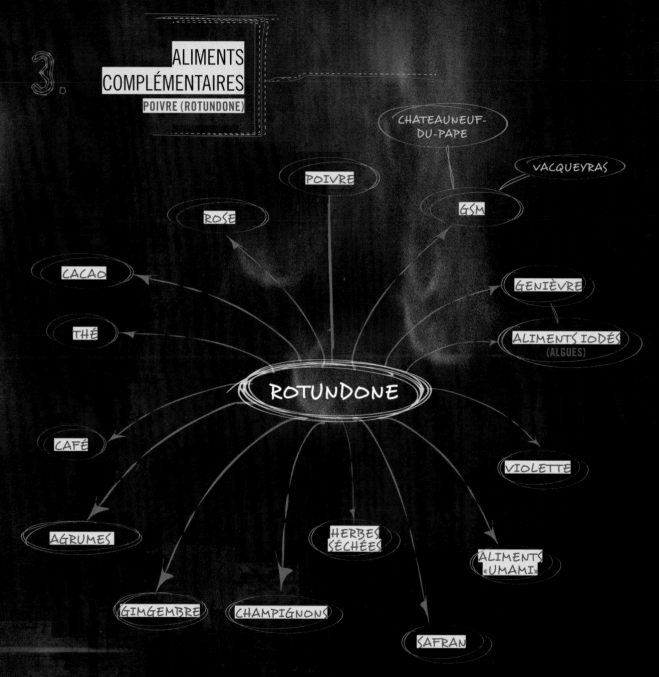

lustrée à l'huile de violette, sphère de poivrons rouges brûlés à l'huile de sésame, air d'algue kombu à la réglisse, fleur de sel fumée au havane et imbibée de cognac 1914 ».

Dans le coin droit, pour La Sergue 2006, **« Bœuf fumé à froid au bois d'érable, cèpes au beurre de noix de coco et chicorée, chou rouge concassé au cassis à la muscade boréale, jus de daube** ».

À la liste des ingrédients complémentaires dérivant des molécules aromatiques des deux rouges – ß-ionone (violette), frambinone (framboise), extrait de havane (tabac brun), maltol (boisé torréfié), gaïacol (boisé fumé) et mercaptohexanol (bourgeon de cassis) – de Lalande-de-Pomerol, il y avait : algues (aussi riche en ß-ionone comme la violette), arômes de feuilles de grand havane, balsamique (odeur seulement), bœuf fumé fortement grillé à l'extérieur, cacao 100 %, café, framboise, liqueur de violette, nigelle, noix de coco grillée, poivron, prune, sésame grillé, sucre brûlé (pas sucré, comme maltol), vandouvan.

Le mature et enivrant Château L'Archange 2001, magnifique cru de Saint-Émilion signé Pascal Chatonnet, a marqué le cinquième service, travaillé à partir des mêmes molécules qui avaient inspiré le service précédent, avec en prime, l'α-ionone (à l'odeur de mûre).

L'inspiration par notre palais psychique, couplée aux résultats de recherches moléculaires, nous a conduit vers un « Magret de canard cuit sur la graisse fumée au thé wulong et la viande marinée à la fleur de carotte sauvage et pétales de rose, grains de riz sauvage soufflés, écrasé de bleuets à la violette ».

Encore que des aliments en lien direct avec les composés volatils de L'Archange et les deux vins précédents, avec qui ce saint-émilion partage une partie de leur profil aromatique.

NOTE SUR LA CAROTTE

Il faut savoir que la carotte génère à la cuisson de nouvelles molécules sapides, dont la ß-ionone à odeur de violette, ce qui explique sa présence dans ce service!

Puis, l'arrivée du plat de résistance, et du grand vin à partir duquel il avait été pensé, aura marqué cet émouvant sixième service. Du châteauneuf-du-pape rouge, le Château de Beaucastel 2005, nous sommes partis sur la piste aromatique de l'épicé eugénol

(signature moléculaire du clou de girofle) et du diméthylpyrazine (odeur du cacao).

Cela nous a conduits vers la création d'un mythique « Caribou des Inuits, jus de viande perlé aux grains de mûres, purées de céleri rave en deux versions (à la réglisse fantaisie et au clou de girofle), armillaire de miel au grué de cacao, feuille de basilic thaï ».

Les ingrédients complémentaires au girofle et au cacao étaient : basilic thaï, betterave rouge, café, cannelle Ceylan (Sri Lanka), gibier (caribou), graines de sésame grillées, liqueur de mûres, noisette, noix de coco grillée, orge, poivre, pomme de terre, réglisse, root beer, scotch et asperges rôties à l'huile d'olive et poivre, xérès amontillado/oloroso,

COMMENTAIRE SUR LE CONCENTRÉ D'EXTRAIT DE RÉGLISSE ET LES JEUNES VINS ROUGES

Une des grandes harmonies que j'ai réalisées, et ce, à de nombreuses reprises, avec les vins à dominante de grenache/syrah/mourvèdre, comme c'est le cas du Beaucastel, est un gibier en sauce au parfum de mûre et de réglisse. Le concentré d'extrait de réglisse noire (voir note sur la réglisse dans le chapitre *Menthe et sauvignon blanc*), par sa structure unique, donne de l'allonge au vin et assouplit ses tanins, spécialement chez les jeunes millésimes comme ce 2005. C'est pourquoi nous avons ajouté du concentré d'extrait de réglisse noire dans l'une des deux purées de céleri-rave qui accompagnaient le caribou et le Beaucastel.

Question de terminer avec un septième service en crescendo, pour ne pas dire en queue de paon, j'ai incité les deux chefs à recréer de toutes pièces, sous forme d'un dessert, le profil d'un muscat. Plus précisément celui du Muscat de Beaume-de-Venise 2006 de la famille Perrin.

Donc, à partir des composés volatils dominants dans le muscat, le géraniol (odeurs de géranium/rose/eucalyptus), le linanol (odeur de lavande/agrumes) et le ho-triénol (odeur de miel), nous avons accouché d'un quasi parfait et délirant de justesse **« Bavarois de mascarpone sucré au miel d'orange, aromatisé en trois versions : Géranium/Lavande et Citronnelle/Menthe et Eucalyptus** ».

ALIMENTS COMPLÉMENTAIRES

MUSCAT VDN

NOIX DE COCO
ABRICOT
PÊCHE
FLEUR D'OSMANTHUS
MIEL
GÉRANIUM
ROSE
EUCALYPTUS
LAVANDE
VIOLETTE
AGRUMES

FRAISE
FRAMBOISE
FRUITS EXOTIQUES
MÛRE
BLEUET
RAISIN SEC
YUZU
TILLEUL
CITRONNELLE
CARDAMOME

ASPERGE
POULET
PORC
CLOU DE GIROFLE
SARRASIN
CHOCOLAT (BRUN ET BLANC)
CANNELLE
THÉ
XÉRÈS FINO
COGNAC
RHUM
BIÈRE (BLONDE ET BLANCHE)

DÉGUSTATION MOLÉCULAIRE
CONÇUE PAR FRANÇOIS CHARTIER, L'ŒNOLOGUE
PASCAL CHATONNET ET LES CHEFS LARENT DECONINCK
ET STÉPHANE MODAT

1. BEAUCASTEL BLANC 2006, CHÂTEAUNEUF-DU-PAPE, PERRIN ET FILS
MIEL (PHÉNYL ACETALDÉHYDE) ET ABRICOT/
PÊCHE (LACTONES)

Gros pétoncle juste tiedi à l'huile d'amandes amère, salade tiède de fenouil à la mandarine impériale et mirin, poudre de maïs salé/séché, air de fleur d'osmanthe

2. LES CHRISTINS 2006 VACQUEYRAS, PERRIN ET FILS
POIVRE (ROTUNDONE) ET VIOLETTE (B-IONONE)

Thon rouge frotté aux baies de genièvre, olives noires, quelques fèves, confettis d'algues nori torréfiées, dès de graisse de jambon fondue, pipette ludique d'huile de pépins de raisin au pistils de safran marocain

3. BEAUCASTEL ROUGE 2005, CHÂTEAUNEUF-DU-PAPE, PERRIN ET FILS
GIROFLE (EUGÉNOL) ET CACAO (DIMÉTHYL-PYRAZINE

Filet de biche mariné après cuisson au vin rouge et balsamique réduit, purée de céleri rave au clou de girofle, armillaire de miel au grué de cacao, feuille de basilic thaï et grains de mûres

4. CHÂTEAU HAUT CHAIGNEAU 2003, LALANDE-DE-POMEROL, PASCAL CHATONNET
VIOLETTE (BETA-IONONE), BOISÉ TORRÉFIÉ (MALTOL) ET TABAC BRUN (EXTRAIT DE HAVANE)

Sur une gelée d'eau de framboises lustré à l'huile de violette, sphère de poivrons rouges brûlés à l'huile de sésame, air d'algue kombu à la réglisse, fleur de sel fumée de havane et imbibée de cognac 1914

5. CHÂTEAU LA SERGUE 2006, LALANDE-DE-POMEROL, PASCAL CHATONNET
BOURGEON DE CASSIS (MERCAPTO HEXANOL) ET BOISÉ FUMÉ (GAÏACOL) MÊMES MOLÉCULES QUE LE HAUT-CHAIGNEAU

Pièce de bœuf fumée à froid au bois d'érable, cèpes au beurre de noix de coco et chicorée, choux rouge concassé au cassis à la muscade boréale, jus de daube

6. CHÂTEAU L'ARCHANGE 2001, SAINT-ÉMILION, PASCAL CHATONNET
BOISÉ TORRÉFIÉ (MALTOL), MÛRE (ALPHA-IONONE), VIOLETTE (B-IONONE) ET MÊMES MOLÉCULES QUE LES CHX. HAUT-CHAIGNEAU ET LA SERGUE

Le magret de canard cuit sur la graisse fumée au thé wulong et la viande marinée à la fleur de carotte sauvage et pétales de rose, grains éclatés de riz sauvage soufflés,écrasé de bleuet à la violette

Un dessert ludique, pour s'amuser des différentes strates de saveurs juxtaposées, émanant toutes des ingrédients complémentaires aux molécules originelles de cette création au grand pouvoir harmonique.

La rencontre harmonique du muscat et de l'air de lavande du chef Stéphane Modat restera longtemps marquée dans la mémoire olfactive des convives qui ont partagé ce grand repas d'harmonies et de sommellerie moléculaires.

Voilà pour le « comment » de la création derrière une telle expérience harmonique à cinq mains et à des millions de papilles gustatives en fusion...

VOLET SCIENTIFIQUE :
« DÉGUSTATION MOLÉCULAIRE »

La Dégustation moléculaire (voir visuel du menu de la *Dégustation moléculaire* ci-dessus), présentée la veille de ce repas dégustation à cinq mains, a été proposée uniquement aux professionnels du milieu de la gastronomie et des vins. Elle s'est tenue avant le *Salon international des vins et spiritueux de Québec*, au restaurant Utopie, sous forme d'atelier scientifique sur les molécules volatiles des vins et des aliments.

La dégustation s'est articulée à partir de l'examen olfactif de composés aromatiques, en solutions pures, présentées par l'œnologue Pascal Chatonnet, en dégustation comparative avec ses vins et ceux du Château de Beaucastel.

En point d'orgue, harmonies avec des minibouchées, conçues par la rencontre en cuisine entre Laurent Deconinck et Stéphane Modat, dont la créativité émanait directement de mes travaux de recherche en harmonies et sommellerie moléculaires. Six vins et six tapas, tirés du menu du repas dégustation que je viens de vous décrire, ont été servis, avec quelques petites variantes.

Graphiques moléculaires à l'appui, Pascal Chatonnet et moi, en animant cette rencontre, avons pu exprimer la théorie harmonique d'harmonies et sommellerie moléculaires, à la base de ces deux événements, et échanger avec les cuisiniers, les chefs, les sommeliers et les chroniqueurs présents, faisant ainsi, je l'espère, avancer cette nouvelle discipline harmonique.

GROS PÉTONCLE JUSTE TIÉDI À L'HUILE D'AMANDE AMÈRE, SALADE DE FENOUIL À LA MANDARINE IMPÉRIALE ET MIRIN, POUDRE DE MAÏS SALÉ/SÉCHÉ, AIR DE FLEURS D'OSMANTHUS

Recette du chef Stéphane Modat, restaurant Utopie à Québec, inspirée de mes travaux d'harmonies et sommellerie moléculaires, présentée lors du *Repas harmonique à cinq mains*, en mars 2009 (voir visuel du menu ci-joint).

INGRÉDIENTS POUR 8 PERSONNES

+ 8 gros pétoncles (U10) frais
+ 1 bulbe de fenouil bien ferme
+ 5 cl de mirin (épicerie asiatique)
+ 2 mandarines impériales (en saison, sinon 2 clémentines)
+ 25 gr de maïs séché (épicerie marocaine)
+ 20 gr de fleur d'osmanthus séchées (disponible aux boutiques de thé Camellia Sinensis)
+ 75 cl d'huile d'olive
+ Fleur de sel
+ Lécithine de soya en poudre
+ Extrait d'amande amère

PRÉPARATION
VINAIGRETTE DE MANDARINE IMPÉRIALE ET MIRIN

Blanchir trois fois les mandarines dans l'eau, départ à froid, ensuite les réduire en purée à l'aide d'un bol mélangeur. Ajouter le mirin et la même quantité d'eau bien froide. Émulsionner avec 10 cl d'huile d'olive. Passer au chinois fin et réserver au réfrigérateur.

FENOUIL CONFIT À L'HUILE D'OLIVE

Débarrasser le fenouil des premières côtes qui sont un peu plus coriaces. À l'aide d'une mandoline chinoise, tailler une fine julienne dans le sens inverse des fibres du bulbe. Déposer ainsi la salade crue dans un saladier, saupoudrer avec une bonne pincée de fleur de sel pour assaisonner en profondeur, ceci pendant 10 minutes. Ce temps passé, rincer à l'eau claire et mettre sur un papier absorbant. Dans une casserole, verser un demi-litre d'huile d'olive et amener la température à

70 degrés Celsius, éteindre le feu et y mettre le fenouil. Couvrir pendant une demi-heure, jusqu'à ce que l'huile soit tiède.

AIR DE FLEUR D'OSMANTHUS

Faire chauffer dans une casserole 1 litre d'eau. Mettre hors du feu les fleurs séchées et faire infuser pendant 5 minutes. Passer et incorporer 1 cuillère à café rase de lécithine de soya. Mélanger à l'aide d'un mixeur à main afin d'obtenir l'air (une mousse aérienne) et verser dans un contenant haut.

PRÉPARATION DES PÉTONCLES

S'assurer que le petit nerf coriace est retiré. Tailler les pétoncles en trois, dans le sens de l'épaisseur. Déposer les tranches chevauchées sur un papier ciré. Pour faire l'huile d'amande amère, prendre une cuillère à espresso d'extrait d'amande amère et émulsionner avec 25 cl d'huile d'olive. Badigeonner les pétoncles avant de les cuire.

MONTAGE

Préchauffer le four à 450°F (230°C). Disposer dans une assiette creuse une bonne cuillère à soupe de fenouil confit tiède que vous aurez assaisonné d'une cuillère à café de vinaigrette de mandarine impériale. Émulsionner à l'aide d'un mixeur à main l'air de fleurs d'osmanthus en l'inclinant de façon à incorporer de l'air et ainsi faire mousser le mélange. Mettre les pétoncles au four, sur l'étage du milieu, 3 minutes juste pour les chauffer. Au sortir du four, saupoudrer de poudre de maïs séché que vous aurez écrasé au préalable. Disposez les pétoncles sur le fenouil. Napper d'air de fleurs d'osmanthus. Servir.

EXPÉRIENCES HARMONIQUES DE SOMMELLERIE MOLÉCULAIRE AVEC LE CHEF STÉPHANE MODAT

Enfin, à l'occasion des lancements médiatiques de *La Sélection Chartier 2009* – treizième édition de mon guide annuel des vins et d'harmonisation avec les mets –, les 15 et 21 octobre 2008, à Montréal et à Québec, nous avons orchestré deux aventures du goût autour de mes recherches, en présentant un menu de «grande cuisine en miniature», donc sous forme de canapés servis assis.

J'ai ainsi conçu et réalisé un menu, avec l'amicale collaboration de Stéphane Modat, venu à Montréal pour l'occasion avec son équipe. J'ai cru bon vous présenter les bouchées dégustations et les harmonies que nous y avons présentées, question de vous permettre d'envisager quelques harmonies, à partir des mêmes ingrédients utilisés, mais cuisinés à votre façon (voir visuel du menu ci-joint).

FRANÇOIS CHARTIER
DANS LA CUISINE DE L'UTOPIE AVEC
LE CHEF STÉPHANE MODAT

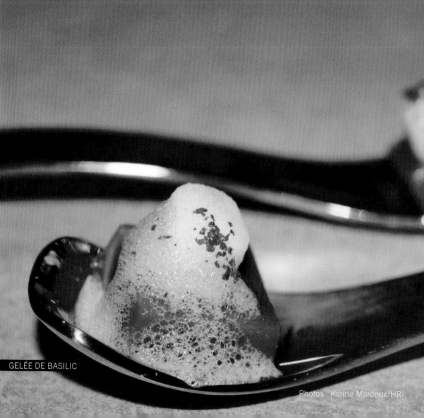

GELÉE DE BASILIC

Photos : Karine Marcoux/HRI

MENU DU LANCEMENT *LA SÉLECTION CHARTIER*
CONÇU PAR FRANÇOIS CHARTIER
ET STÉPHANE MODAT

« L'OMBRE VÉGÉTALE DANS LE GOÛT »
THÉ VERT KABUSECHA KAWASE
ET SPHÉRIFICATION DE CERFEUIL JAPON

VERDEJO BRIBON 2006
RUEDA, PRADO REY ESPAGNE

CHÂTEAU GARRAUD 2005
LALANDE-DE-POMEROL,
VIGNOBLES LÉON NONY FRANCE

HENRIQUES & HENRIQUES
SINGLE HARVEST 1995 MADÈRE PORTUGAL

« LA FUMÉE DANS LE GOÛT »
HÉ WULONG PINGLIN BAO ZHONG 1985 TAIWAN

ANISÉ/LE FROID DANS LE GOÛT
Sur une gelée de basilic, air de concombre à la citronnelle, caramel de carottes jaunes, cube de pommes confites au zathar

ANISÉ/LE FROID DANS LE GOÛT
Meringue de persil frisé, fenouil confit à la badiane, crémeux de barre à boulard de la ferme Tourilli, perles de jus de yuzu biologique, fleur de sel à la lime

ANISÉ/LE FROID DANS LE GOÛT/PYRAZINE
Guimauve de pois vert à la menthe, faisan cuit sous vide au cèdre, air de livèche, fleur de sel à la lime kaffir

PYRAZINE VÉGÉTALE/LIGNANES
Comme une pâte de fruits de poivron rouge brûlé à l'huile de sésame, thon rouge grillé, servi froid mariné au niora et vinaigre de riz sucré

PYRAZINE DE CUISSON/LIGNANES/ VANILLINE/EUGÉNOL
Bœuf fumé avant cuisson, riz sauvage soufflé à la chicorée, feuille de basilic thaï, huile de pépins de raisins parfumé au piment de la Jamaïque

PYRAZINE VÉGÉTALE/ PYRAZINE DE CUISSON LIGNANES/VANILLINE/EUGÉNOL
Betteraves rouges confites à la vanille, chair d'orange au Campari et au clou de girofle, fleur de sel au cacao de Trinidad, poudre de sumac

SOLERONE/VANILLINE/COUMARINE/EUGÉNOL LACTONES/BENZALDÉHYDE
Biscuit aux dattes imbibé xérès et cannelle, dôme de lait de coco torréfié butter scotch au scotch et lait d'amandes

SOLERONE/LACTONES/PYRAZINE/FURFURALE/ COUMARINE
Carré aux figues, crème fumée, sucre médium à la racine de réglisse

« PÂTE DE POIVRONS ROUGES À L'HUILE DE SÉSAME TOASTÉ, THON ROUGE GRILLÉ »

Recette du chef Stéphane Modat, restaurant Utopie à Québec, inspirée de mes travaux d'harmonies et sommellerie moléculaires, présentée lors du lancement de *La Sélection Chartier 2009*, en octobre 2008 (voir visuel du menu ci-joint).

INGRÉDIENTS POUR 12 PORTIONS DE PÂTE DE POIVRONS

(Selon la grosseur des cubes que vous ferez)

+ 500 gr de poivrons rouges frais
+ 25 gr de pectine de pomme
+ 25 gr de sucre
+ 1 c. à soupe d'huile de sésame grillé
+ Thon rouge (50 gr par personne)

PRÉPARATION

Laver et tailler les poivrons en deux dans le sens de la longueur. Les débarrasser de leurs pédoncules et des graines. Les placer sur une plaque allant au four recouverte d'un papier parchemin. Préchauffer le four à 400°F (200°C), une fois chaud y mettre les poivrons environ 10 minutes. Les placer dans un plat creux et les couvrir d'un papier film. Une fois tiède, débarrasser les poivrons de leur peau et les placer dans un bol mélangeur afin de les réduire en purée lisse. Mélanger le sucre et la pectine. Mélanger les deux masses ainsi obtenues et placer dans une casserole à feu doux. Cuire pendant environ 5 minutes en ne cessant pas de remuer.

Lorsque la cuisson est complétée, ajouter l'huile de sésame, mélanger et couler dans un plat chemisé de papier film, puis mettre au réfrigérateur. Tailler un beau morceau de thon, le saler et le badigeonner légèrement d'huile de canola, mettre sur le grill juste pour le marquer (il ne doit pas cuire). Tailler des cubes dans le thon et dans la pâte de poivrons rouges à l'huile de sésame, puis servir côte à côte.

PYRAZINES

BIBLIOGRAPHIE

LIVRES

ADRIÀ, Ferran, Juli Soler et Albert Adrià. *elBulli 1994-1997 " A period that marked the future of our cuisine "*, elBulli Books, 2003.

ADRIÀ, Ferran, Juli Soler et Albert Adrià. *elBulli 2003*, elBulli Books, 2005.

ADRIÀ, Ferran, Juli Soler et Albert Adrià. *elBulli 2004*, elBulli Books, 2005.

BÉLIVEAU, Richard, Ph.D. et Denis Gingras. *Les aliments contre le cancer*, Trécarré, 2005.

BURDOCK, George A., Ph.D. *Fenaroli's Handbook of Flavor Ingredients « Fifth Edition »*, CRC Press, 2005.

CHANG, Raymond. *Chimie générale*, McGraw-Hill, 1998.

CHARTIER, François. *À table avec François Chartier*, Les Éditions La Presse, 2005.

CLARKE, R. J. et J. Bakker. *Wine Flavour Chemistry*, Blackwell Publishing, 2004.

FLANZY, Claude. *Œnologie : fondements scientifiques et technologiques*, Lavoisier, 1998.

FRISQUE-HESBAIN, Anne-Marie. *Introduction à la chimie organique*, Hart/Conia, 2000.

FUNDACION ALICíA et elBulli Taller. *Léxico científico gastronómico*, Planeta, 2006.

HILLS, Phillip. *Appreciating Wine*, Harper Collins, 2004.

McGEE, Harold. *On Food and Cooking : the Science and Lore of the Kitchen*, Scribner, 2004.

RICHARDS, J. H., D.J. Cram, G. R. Hammond et P. L'Écuyer. *Éléments de chimie organique*, McGraw-Hill, 1968.

THIS, Hervé. *Casseroles et éprouvettes*, Belin, 2002.

THIS, Hervé. *Traité élémentaire de cuisine*, Belin, 2002.

WATERHOUSE, Andrew L., Susan E. Ebeler. *Chemistry of Wine Flavor*, ACS Symposium Series no 714, 1999.

PUBLICATIONS SCIENTIFIQUES

CUTZACH-BILLARD. « Études sur l'arôme des vins doux naturels non muscatés au cours de leur élevage et de leur vieillissement. Son origine. Sa formation. », Université de Bordeaux, 2000.